Cristiana Furlan Caporrino

Patologia em alvenarias

2ª edição

© Copyright 2018   Oficina de Textos

1ª reimpressão 2019 | 2ª reimpressão 2021 | 3ª reimpressão 2024

Grafia atualizada conforme o Acordo Ortográfico da Língua Portuguesa de 1990, em vigor no Brasil desde 2009.

CONSELHO EDITORIAL   Arthur Pinto Chaves; Cylon Gonçalves da Silva; Doris C. C. K. Kowaltowski; José Galizia Tundisi; Luis Enrique Sánchez; Paulo Helene; Rozely Ferreira dos Santos; Teresa Gallotti Florenzano

CAPA E PROJETO GRÁFICO Malu Vallim
DIAGRAMAÇÃO E PREPARAÇÃO DE FIGURAS Vinícius Araujo
PREPARAÇÃO DE TEXTO Hélio Hideki Iraha
REVISÃO DE TEXTO Ana Paula Ribeiro
IMPRESSÃO E ACABAMENTO Mundial gráfica

Dados Internacionais de Catalogação na Publicação (CIP)
(Câmara Brasileira do Livro, SP, Brasil)

Caporrino, Cristiana Furlan
    Patologia em alvenarias / Cristiana Furlan
Caporrino. -- 2. ed. -- São Paulo : Oficina de Textos, 2018.

Bibliografia.
ISBN 978-85-7975-304-6

    1. Alvenaria 2. Análise estrutural (Engenharia)
    3. Argamassa 4. Engenharia de estruturas
    5. Revestimentos I. Título.

18-17988   CDD-624.1

Índices para catálogo sistemático:
1. Patologia em alvenarias : Engenharia de
   estruturas 624.1

Cibele Maria Dias - Bibliotecária - CRB-8/9427

Todos os direitos reservados à **Editora Oficina de Textos**
Rua Cubatão, 798
CEP 04013-003 São Paulo   SP
tel. (11) 3085 7933
www.ofitexto.com.br
atendimento@ofitexto.com.br

Apresentação

Desde o início da formação da nossa civilização, a alvenaria é uma técnica muito difundida no Brasil, especialmente para a construção de edificações usuais de até dois pavimentos.

Esse fato decorre não só do baixo custo de materiais e mão de obra, mas também da baixa sismicidade brasileira.

O desenvolvimento da alvenaria estrutural ao longo do século passado, com a aplicação de materiais de qualidade controlada, bem como de projeto e construção de melhor qualidade, veio permitir a construção de edificações mais altas em alvenaria e com um comportamento mais dúctil. Isto é, mesmo em eventos excepcionais, que cheguem a causar a ruína de toda a construção ou de parte dela, a resposta é bem menos frágil.

No entanto, por defeitos de execução ou projeto, parte dessas construções apresenta patologias que poderiam ser evitadas, desde que regras simples fossem respeitadas.

É uma satisfação ver uma ex-aluna como a Cristiana Furlan Caporrino publicar um livro como este, reunindo tais regras, de forma a contribuir para uma melhoria contínua da nossa engenharia, muito prejudicada nos últimos anos por falta de planejamento e investimentos.

Mesmo com a grande evolução do concreto, incluindo os de alta resistência, os autoadensáveis, os armados com fibras de todos os tipos etc., e uma grande recuperação das estruturas metálicas e mistas, sempre existirá um lugar importante para a alvenaria simples ou estrutural no Brasil, um país pobre e pouco sísmico. É por esse motivo que a melhoria da qualidade dessas construções é tão importante, e a Cristiana está contribuindo para isso.

Dr. Fernando Rebouças Stucchi
Professor Titular da Escola Politécnica da Universidade de São Paulo (Epusp)

Sumário

Introdução, 7

I.1 Alvenaria ao longo do tempo 7

I.2 Definições 9

1 – Projeto e execução, 13

1.1 Alvenarias de vedação 18

1.2 Alvenarias estruturais 27

1.3 Execução 39

2 – Patologia das edificações, 42

2.1 Anomalias em alvenaria não estrutural 43

2.2 Anomalias em alvenaria estrutural 52

2.3 Anomalias em revestimentos argamassados 54

3 – Identificação de anomalias, suas causas e reparos possíveis, 61

3.1 Anomalias em revestimentos argamassados 61

3.2 Anomalias em alvenarias não estruturais 74

3.3 Anomalias em alvenarias estruturais e não estruturais 83

3.4 Anomalias em alvenarias estruturais 85

4 – Considerações finais, 94

Referências bibliográficas, 95

INTRODUÇÃO

Alvenaria é o sistema de construção mais difundido no Brasil e no mundo com a finalidade de separar ambientes internos e externos. A vasta utilização dessa solução construtiva é atribuída principalmente ao baixo custo e à facilidade de execução quando comparada com outros sistemas.

O conceito de utilização da alvenaria é a transmissão de cargas por meio de tensões predominantemente de compressão. Isso justifica o início do desenvolvimento construtivo ter sido basicamente o empilhamento de unidades.

I.1 ALVENARIA AO LONGO DO TEMPO

Nos primórdios, a existência de vãos só era possível empregando-se peças maiores que as unidades convencionais, pedras ou outros materiais, como a madeira, a qual pode vencer vãos por ter resistência à tração e apresenta a vantagem de ser mais leve, sendo assim facilmente manipulada, mas com a desvantagem de ser mais perecível. Esse é o motivo de muitas ruínas terem ainda paredes originais, porém pisos e telhados consumidos pelo tempo.

Na Pré-História, no período Neolítico ou Idade da Pedra Polida, existiam edificações, denominadas nuragues, que eram torres construídas por meio do empilhamento de pedras, com pequenas aberturas possibilitadas pela utilização de pedras maiores. O homem tinha deixado de levar uma vida nômade e começara a domesticar animais e cultivar cereais, podendo, desse modo, abandonar as cavernas e construir sua própria moradia.

O arco foi uma descoberta que muito impactou o uso das alvenarias, possibilitando a criação de vãos de maiores dimensões com pequenas unidades empilhadas, de tal forma a estarem todas sob efeito de compressão. Os aquedutos são exemplos de uso do efeito do arco. Essas construções eram empregadas no transporte de água, por gravidade, por longas distâncias, para vencer vales. Outro famoso exemplo repleto desse recurso é o Coliseu, em Roma.

O mesmo pode ser observado em castelos e fortalezas que têm suas estruturas baseadas em simples empilhamento de unidades com arcos para constituir vãos e aberturas.

Com a evolução do uso dos arcos, surgiram os arcos externos de contraventamento, observados, por exemplo, em igrejas góticas. Com o aumento dos vãos das cúpulas das igrejas e para permitir a liberação de espaços internos, essas coberturas, sendo totalmente submetidas a esforços de compressão, descarregavam os esforços em pilares mais esbeltos contraventados pelos citados arcos externos.

Na década de 1890, em Chicago, foi inaugurado o Monadnock, o primeiro edifício moderno de que se tem conhecimento a utilizar a técnica de alvenaria estrutural. As alvenarias da base, calculadas com os métodos empíricos da época, têm 1,80 m de espessura para sustentar os 16 pavimentos.

No Brasil, o primeiro registro de edificação a utilizar alvenaria estrutural como sistema construtivo elaborado data de 1966, sendo conhecido como condomínio Central Parque da Lapa, constituído de edificações de quatro pavimentos. Em 1972, foram construídos quatro edifícios de 12 pavimentos cada um com o mesmo princípio estrutural.

Na atualidade, o sistema de alvenaria estrutural é altamente difundido no Brasil por se tratar de uma estrutura com baixo custo e alta produtividade construtiva, atendendo à demanda do mercado, que exige obras cada vez mais rápidas e econômicas. Em se tratando de alvenaria não estrutural, a utilização é ainda mais vasta no Brasil e no mundo.

Entretanto, é necessário atenção a detalhes executivos, o que nem sempre acontece, pois, devido à grande demanda de mercado com relação a novas edificações, as obras seguem em ritmos cada vez mais acelerados. Esses detalhes, uma vez não executados, podem causar as chamadas anomalias em alvenarias e revestimentos.

Nem sempre, no entanto, a falha é apenas executiva, podendo ser proveniente também de projetos com insuficiência de informações para uma boa execução.

I.2 Definições

Algumas definições serão abordadas a seguir para possibilitar o entendimento dos temas a serem dissertados.

I.2.1 Alvenarias

São conjuntos compostos de unidades menores, podendo ou não ser unidas por material ligante, justapostas em camadas horizontais que se sobrepõem umas às outras.

I.2.2 Alvenarias não estruturais

Apresentam as seguintes finalidades: compartimentar ambientes, podendo ser internas ou externas (estas últimas delimitam a edificação); resistir ao seu peso próprio e a pequenas cargas de ocupação, como prateleiras e lavatórios; resistir às cargas de ventos e às solicitações de tentativa de intrusão sem que a segurança dos ocupantes da edificação seja prejudicada; resistir a certo nível de impacto sem entrar em ruína; resistir à ação do fogo, não contribuindo para o início de um incêndio nem para a propagação de chamas e calor, e não produzindo gases tóxicos quando em combustão.

I.2.3 Alvenarias estruturais

Além de ter as mesmas finalidades da alvenaria não estrutural, servem também como suporte estrutural. Conforme o cálculo das cargas a serem suportadas, podem ser providas de pontos de graute e armaduras para aumentar sua capacidade portante.

I.2.4 Unidades que compõem as alvenarias

São materiais pétreos, naturais ou artificiais. Algumas unidades mais comumente utilizadas são: blocos de concreto, blocos cerâmicos, blocos pétreos e blocos sílico-calcários, entre outros. As unidades podem ser ou não estruturais, conforme o tipo de alvenaria que irão compor. Caso tenham finalidade estrutural, a resistência característica à compressão deve ser igual à estimada em projeto estrutural.

Blocos de concreto
São blocos prismáticos compostos de concreto simples.

Blocos cerâmicos
São blocos prismáticos compostos de argila, podendo ser maciços ou vazados.

Blocos sílico-calcários (BSC)
São blocos prismáticos compostos de cal virgem, devendo conter baixo teor de magnésio. Inicialmente, a cal virgem (CaO) é misturada com sílica (areia), compondo a mistura básica para o bloco. A mistura é acrescida de água, promovendo a reação de hidratação da cal virgem. Posteriormente, a mistura é prensada em moldes específicos que definem o formato do bloco. Finalmente, os blocos são conduzidos para uma autoclave sob pressão e temperatura elevadas; a cal hidratada e a sílica reagem, gerando fortes ligações cimentantes, o que confere aos blocos sílico-calcários alta resistência à compressão. Esses blocos são ampla-mente usados em alvenaria estrutural, por possuírem grandes vantagens em relação ao tijolo cerâmico convencional, tais como resistência ao fogo e conforto térmico e acústico.

I.2.5 Argamassa
É composta de cimento, agregado miúdo, cal, água e aditivos. Tem as finalidades de unir as unidades, garantir a vedação, propiciar aderência com as armaduras nas juntas e compensar as variações dimensionais das unidades. As propriedades que devem ser controladas são retenção de água, adequada resistência à compressão e trabalhabilidade.

I.2.6 Graute
Consiste em um concreto fino e deve apresentar alta fluidez, de modo a preencher adequadamente os vazios dos blocos. É composto de cimento, agregados miúdos e graúdos (até 9,5 mm) e água. Tem as finalidades de

aumentar a resistência da parede e propiciar aderência com as armaduras. As propriedades que devem ser controladas são trabalhabilidade, fluidez e adequada resistência à compressão.

I.2.7 Armaduras

As armaduras empregadas na alvenaria estrutural são as mesmas utilizadas no concreto armado e estão sempre presentes na forma de armadura construtiva ou de cálculo. Possuem as finalidades de absorver esforços de tração e cobrir necessidades construtivas.

I.2.8 Juntas de assentamento, de dilatação e de controle

Juntas de assentamento

As juntas horizontais de argamassa devem ser de 10 mm, podendo variar entre 8 mm e 14 mm de espessura para eventuais ajustes de modulação.

Juntas de dilatação

Devido à variação de temperatura, podem ocorrer movimentos na estrutura. As juntas de dilatação têm a finalidade de absorver esses movimentos. Recomenda-se que sejam previstas juntas de dilatação nas estruturas a cada 20 m de estrutura em planta, ou que seja avaliado o comportamento térmico para que os esforços provenientes das movimentações sejam resistidos pela estrutura.

Juntas de controle

Podem ainda ocorrer deslocamentos verticais provenientes da retração e expansão dos elementos nos processos de cura ou, devido às variações higroscópicas, absorção de água pelos materiais componentes da estrutura. Para que se permitam esses deslocamentos, devem-se prever juntas de controle vertical. São comumente utilizadas onde existe uma variação brusca de carga ou espessura das alvenarias, ou conforme previsto em projeto estrutural.

I.2.9 Patologia

Patologia (derivado do grego *pathos*, sofrimento, doença, e *logia*, ciência, estudo) é o estudo das doenças em geral, como estado anormal de causa conhecida ou desconhecida, tanto na Medicina quanto em outras áreas do conhecimento, como Matemática e Engenharias. Nesta última área, é conhecida como Patologia das Edificações e estuda as manifestações patológicas que podem vir a ocorrer em uma construção, envolvendo tanto a ciência básica quanto a prática.

I.2.10 Vergas e contravergas

Vergas

Cinta armada utilizada sobre abertura nas alvenarias, para que estas resistam às cargas provenientes dos elementos acima da abertura.

Contravergas

Cinta armada utilizada sob abertura nas alvenarias, para que estas resistam à concentração de tensões nessa região, evitando fissurações.

I.2.11 Revestimentos argamassados

Segundo a NBR 13529 (ABNT, 2013a), revestimento de argamassa é "o cobrimento de uma superfície com uma ou mais camadas superpostas de argamassa, apto a receber acabamento decorativo ou constituir-se em acabamento final".

Projeto e execução 1

A fase de projeto é essencial para que uma edificação seja bem executada e tenha o desempenho adequado. Entre outras normas, a NBR 15575 (ABNT, 2013c) estabelece os requisitos e critérios de desempenho que se aplicam às edificações. Segundo essa norma, são exigências dos usuários e, portanto, devem ser atendidas: segurança, habitabilidade, sustentabilidade e determinado nível de desempenho.

Ainda de acordo com a NBR 15575 (ABNT, 2013c), as exigências do usuário relativas à segurança são expressas pelos seguintes fatores: segurança estrutural; segurança contra o fogo; e segurança no uso e na operação. Por sua vez, as exigências relativas à habitabilidade são expressas pelos seguintes fatores: estanqueidade; desempenho térmico; desempenho acústico; desempenho lumínico, relativo a lúmen (fluxo luminoso); saúde, higiene e qualidade do ar; funcionalidade e acessibilidade; e conforto tátil e antropodinâmico, ou seja, referente aos movimentos requeridos pelas diversas atividades humanas. Já as exigências relativas à sustentabilidade são expressas pelos seguintes fatores: durabilidade; manutenibilidade, característica inerente a um projeto de sistema ou produto e que se refere à facilidade, precisão, segurança e economia na execução de ações de manutenção nesse sistema ou produto; e impacto ambiental. Em função das necessidades básicas de segurança, saúde, higiene e economia, são estabelecidos para os diferentes sistemas requisitos mínimos de desempenho que devem ser considerados e atendidos.

Quanto aos fornecedores, a NBR 15575 (ABNT, 2013c) recomenda que fabricantes cujos produtos não sejam abrangidos por normas brasileiras específicas ou não tenham o desempenho caracterizado forneçam resultados comprobatórios do desempenho de seus produtos com base nessa norma ou em normas específicas nacionais ou internacionais.

Conceitua-se vida útil (VU, *service life*) como uma medida de tempo da durabilidade de um edifício ou de suas partes. A vida útil de projeto (VUP, *design life*) é definida pelo incorporador junto com os projetistas e é expressa previamente. Já a vida útil estimada (*predicted service life*) é a durabilidade prevista para um dado produto, inferida com base em dados históricos de desempenho do produto ou ensaios de envelhecimento acelerado (ABNT, 2013c).

A VU, quando se trata de produtos de consumo e bens não duráveis, pode ser entendida como a relação custo-benefício esperada pelo consumidor, conforme sua experiência de compras sucessivas, informações do fornecedor e sua própria disponibilidade financeira, resultando em uma análise subjetiva. Portanto, para esse mercado é suficiente a imposição de um prazo mínimo de garantia, durante o qual o produtor se responsabiliza por qualquer falha de fabricação.

No entanto, para bens duráveis, de alto valor unitário e geralmente de aquisição única, como a habitação, a sociedade tem de impor outros marcos referenciais para regular o mercado e evitar que o custo inicial prevaleça em detrimento do custo global e que uma durabilidade inadequada venha a comprometer o valor do bem e a prejudicar o usuário. O estabelecimento em lei, ou em normas, da VUP mínima se configura como o principal referencial para edificações habitacionais, sobretudo para as habitações subsidiadas pela sociedade e as destinadas às parcelas da população menos favorecidas economicamente (ABNT, 2013c).

Os projetistas devem estabelecer a VUP de cada sistema que compõe a edificação. Os materiais, os produtos e os processos devem ser especificados em projeto, atendendo ao desempenho mínimo estabelecido pela NBR 15575 (ABNT, 2013c) e ao desempenho declarado pelos fabricantes dos produtos.

Quando as normas específicas de produtos não caracterizarem o desempenho, quando não existirem normas específicas ou quando o fabricante não publicar o desempenho de seu produto, é recomendável que o projetista solicite informações ao fabricante para balizar as decisões de especificação (ABNT, 2013c).

Quando forem considerados valores de VUP maiores que os mínimos estabelecidos pela norma, estes devem constar dos projetos e/ ou do memorial de cálculo.

A NBR 15575 (ABNT, 2013c) estabelece que a VU pode ser normalmente prolongada por meio de ações de manutenção. Quem define a VUP deve também estabelecer as ações de manutenção a serem realizadas para garantir o seu atendimento. É necessário salientar a importância da realização integral das ações de manutenção pelo usuário, sem o que se corre o risco de a VUP não ser atingida. Por exemplo, um revestimento de fachada em argamassa pintado pode ser projetado para uma VUP de 25 anos, desde que a pintura seja refeita a cada cinco anos, no máximo. Se o usuário não realizar a manutenção prevista, a VU real do revestimento pode ser seriamente comprometida. Por consequência, as eventuais patologias resultantes podem ter origem no uso inadequado, e não em uma construção falha.

O impacto no custo global da VUP é fator determinante para a definição da durabilidade requerida. O estabelecimento da VUP é, conceitualmente, resultado do processo de otimização do custo global. O sistema de menor custo global não é normalmente o de menor custo inicial nem o de maior durabilidade; é um dos sistemas intermediários. Do ponto de vista da sociedade, o ideal é a otimização desses dois conceitos conflitantes, isto é, deve-se procurar estabelecer a melhor relação custo-benefício. Atualmente, sem que o usuário tenha se conscientizado de suas escolhas, a opção por construções de menor custo, mas menos duráveis, está necessariamente transferindo o ônus dessa escolha para as gerações futuras (ABNT, 2013c).

A identificação dos riscos previsíveis na época do projeto é de responsabilidade do incorporador, devendo este providenciar os estudos técnicos requeridos e alimentar os diferentes projetistas com as informações necessárias. A NBR 15757 (ABNT, 2009) exemplifica como riscos previsíveis a presença de aterro sanitário na área de implantação do empreendimento, a contaminação do aquífero e a presença de agentes agressivos no solo, entre outros riscos ambientais.

Segundo a NBR 15575 (ABNT, 2013c), o projeto também deve considerar a prevenção de infiltração da água de chuva e da umidade do solo por meio de detalhes como:

- condições de implantação de forma a drenar a água de chuva em ruas internas e lotes vizinhos e no entorno próximo ao conjunto;
- impermeabilização de porões, subsolos, jardins e quaisquer paredes em contato com o solo, ou direcionamento das águas, sem prejuízo da utilização do ambiente e sem comprometer a segurança estrutural, sendo que sistemas de impermeabilização devem seguir a NBR 9575 (ABNT, 2010a);
- impermeabilização de fundações e pisos em contato com o solo;
- ligação entre os diversos elementos da construção, como entre paredes e estrutura, telhado e paredes, corpo principal e pisos ou calçadas laterais.

Os projetos devem também assegurar a estanqueidade à água utilizada na operação e manutenção do imóvel em condições normais de uso, prevendo detalhes que assegurem a estanqueidade de partes do edifício que possam ter contato com a água gerada na ocupação ou manutenção do imóvel, devendo ser verificada a adequação das vinculações entre instalações de água, esgotos ou águas pluviais e estrutura, pisos e paredes, de modo que as tubulações não venham a ser rompidas ou desencaixadas por deformações.

A NBR 15575 (ABNT, 2013c) determina que o desempenho estrutural das edificações deve estar de acordo com a NBR 8681 (ABNT, 2004), que dispõe que os estados-limites de uma estrutura estabelecem as condições a partir das quais ela apresenta desempenho inadequado às finalidades da construção. Assim, devem ser considerados em projeto os estados-limites últimos (ELUs) caracterizados por:

- perda de equilíbrio, global ou parcial, admitida a estrutura como um corpo rígido;
- ruptura ou deformação plástica excessiva dos materiais;
- transformação da estrutura, no todo ou em parte, em sistema hipostático;
- instabilidade.

Em casos particulares, segundo a NBR 15575 (ABNT, 2013c), pode ser necessário considerar outros ELUs, conforme as normas brasileiras específicas de projeto estrutural.

Ainda de acordo com a mesma norma, nos projetos devem ser previstas considerações sobre as condições de agressividade do solo, do ar e da água na época do projeto, prevendo-se as proteções aos sistemas estruturais e suas partes.

Os projetos devem ainda garantir a estabilidade e a resistência estrutural, evitando a ruína da estrutura pela ocorrência de algum ELU. Por sua simples ocorrência, os ELUs determinam a paralisação, no todo ou em parte, do uso da construção.

As estruturas das edificações devem respeitar os limites de deformações, fissurações e outras falhas resultantes das cargas de serviço e das deformações impostas ao edifício, de modo que os valores dessas anomalias não causem prejuízos ao desempenho de outros sistemas nem comprometimento da durabilidade da estrutura.

O comportamento em serviço da edificação deve ser previsto em projeto, de forma que os estados-limites de serviço (ELS), por sua ocorrência, repetição ou duração, não causem efeitos estruturais que impeçam o uso normal da construção ou que levem ao comprometimento da durabilidade da estrutura, segundo a NBR 15575 (ABNT, 2013c).

A mesma norma esclarece que a durabilidade do edifício e de seus sistemas é uma exigência econômica do usuário, pois está diretamente associada ao custo global do bem imóvel. A durabilidade de um produto se extingue quando ele deixa de cumprir as funções que lhe foram atribuídas, seja pela degradação que o conduz a um estado insatisfatório de desempenho, seja por obsolescência funcional. O período de tempo compreendido entre o início de operação ou uso de um produto e o momento em que seu desempenho deixa de atender às exigências do usuário preestabelecidas é denominado vida útil, como abordado anteriormente.

Projetistas, construtores e incorporadores são responsáveis pelos valores teóricos de VUP, que podem ser confirmados por meio do atendimento às normas brasileiras ou internacionais; não havendo estas, podem ser consideradas normas estrangeiras na data do projeto (ABNT, 2013c).

Não obstante, eles não podem prever, estimar ou se responsabilizar pelo valor atingido de VU, uma vez que este depende de fatores fora de seu controle, tais como o correto uso e operação do edifício e de suas partes, a constância e efetividade das operações de limpeza e manutenção, alterações climáticas e níveis de poluição no local e mudanças no entorno ao longo do tempo (trânsito de veículos, rebaixamento do nível freático, obras de infraestrutura, expansão urbana etc.).

O valor final atingido de VU será uma composição do valor teórico calculado como VUP, influenciado positivamente ou negativamente por ações de manutenção, intempéries e outros fatores internos, de controle do usuário, e externos (naturais), fora de seu controle (ABNT, 2013c).

1.1 ALVENARIAS DE VEDAÇÃO

Um projeto com detalhamento adequado é o ponto de partida para uma boa execução, evitando anomalias futuras. Alguns pontos críticos devem ser observados durante a elaboração do projeto e a execução da obra, conferindo a cada subsistema o correto desempenho, minimizando a ocorrência de problemas.

O processo construtivo mais tradicional de edificações é aquele com estruturas em concreto armado com vedações em alvenaria. A utilização de mão de obra desqualificada e a baixa mecanização nos canteiros de obra resultam em elevados índices de desperdício de mão de obra, materiais, tempo e recursos energéticos, proporcionando ainda poluição e consequente degradação ambiental.

Deve-se, portanto, buscar a racionalização do processo, com a aplicação dos princípios de construtibilidade, desempenho e garantia de qualidade. Para tanto, são necessárias ações como:

- detalhamento em projeto de forma clara, para que seja bem interpretado pela equipe de execução;
- comunicação entre as áreas técnicas, principalmente executiva e projetista;
- implementação de técnicas construtivas adequadas às condições de cada empreendimento;
- qualificação e treinamento das equipes de execução e projeto;
- melhoria na normalização;

- controle de qualidade;
- alinhamento com suprimentos;
- rigoroso gerenciamento de obra e projeto.

O projeto deve ser concebido tendo em vista: vãos verticais e horizontais da estrutura com a modulação da alvenaria, evitando o corte de blocos; modulação da alvenaria com as aberturas para esquadrias de portas e janelas; posicionamento das instalações em função das características da alvenaria, viabilizando a passagem dos dutos pelos componentes; especificação de todos os materiais de construção necessários, incluindo traços indicativos de argamassas de assentamento e encunhamento; memorial descritivo da construção; forma de locação das paredes; execução dos cantos; escoramentos provisórios ante a ação dos ventos; forma de fixação de marcos e contramarcos; necessidade de cintas ou pilaretes de reforço para paredes com grandes dimensões; e detalhes construtivos de ligações com pilares. Para tanto, todas as disciplinas têm de estar criteriosamente compatibilizadas, e tal processo deve ser iniciado na fase de projeto conceitual, evoluindo até a finalização da execução.

Antigamente as estruturas eram menos deformáveis e as vedações, muito mais resistentes (tijolos de barro). Desse modo, a alvenaria tinha capacidade resistente para suportar essa transferência de cargas (Monteiro, 2004). Com a evolução dos sistemas construtivos e dos sistemas computacionais, as estruturas foram ficando mais esbeltas e, consequentemente, mais deformáveis. Entretanto, as vedações foram ficando mais frágeis (blocos de concreto ou cerâmicos) e mais sujeitas ao aparecimento de sintomas patológicos, quando solicitadas além de sua capacidade resistente (Monteiro, 2004).

O impacto ocasionado pelo conhecimento na vida moderna proporcionou um aprimoramento científico na produção da indústria civil, embutido nos projetos arquitetônico e complementares. A mão de obra empregada na execução de obras, porém, não acompanhou essa evolução, sendo ainda embasada nos conhecimentos acumulados pelos trabalhadores diretos ao longo de seus anos de prática. De forma geral, o engenheiro de obra exerce um controle com foco administrativo, ficando a cabo do mestre de obras e de seus subordinados a interpretação dos projetos e formas executivas, uma vez que estes não contemplam detalhes suficientes. Para muitos ramos da atividade produtiva, houve uma evolução progressiva do processo de trabalho, em busca de aumento de lucros e minimização de perdas, mas na indústria da construção civil essa evolução ainda é lenta e pequena. Dessa forma, os projetos tornam-se cada vez mais evoluídos tecnicamente, entretanto apresentam apenas a forma final das edificações, deixando em aberto itens importantes como detalhes construtivos, recomendações quanto à forma de execução e sucessão das etapas de trabalho.

A Fig. 1.1 apresenta um exemplo de paginação de alvenaria considerando aberturas. Os blocos não são cortados nos recortes com as aberturas nem no encontro com a estrutura.

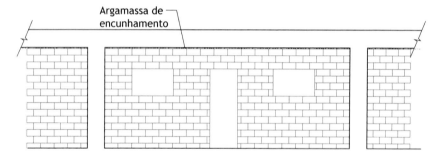

Fig. 1.1 *Paginação de alvenaria de vedação com aberturas*

As dimensões das aberturas deixadas para caixilharia devem contemplar a forma de fixação delas, e isso deve aparecer nos detalhes. Os projetos devem apresentar todas as fases de todos os componentes da edificação, mesmo os considerados de simples execução. Com isso, evita-se má interpretação de projeto e execução sem os devidos cuidados, melhorando a qualidade final do produto.

As deformações previstas nos projetos estruturais devem ser informadas para que se adote o tipo adequado de ligação entre estrutura e alvenaria.

Segundo o *Código de práticas nº 01: alvenaria de vedação em blocos cerâmicos* (Thomaz et al., 2009), as ligações com pilares, de maneira geral, podem ser feitas com telas metálicas dispostas a cada duas fiadas, fixadas nos pilares com pinos metálicos. A tela deve ser dobrada em 90° e os pinos devem ficar o mais próximos possível da dobra e seguir as especificações recomendadas no mesmo código. Essa fixação está apresentada na Fig. 1.2.

Caso sejam necessárias ligações mais rígidas, estas podem ser executadas com armaduras de espera introduzidas nos pilares ou por meio de furação posterior e fixação de ferragem no pilar, podendo ser fortalecidas ainda mais com a introdução de blocos canaletas grauteados para receber essa ferragem.

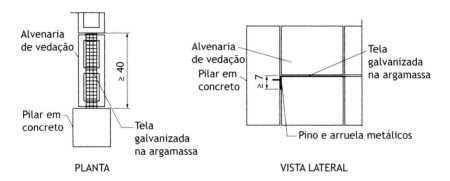

Fig. 1.2 *Ligação de alvenaria de vedação com pilar em concreto*

No caso de estruturas extremamente flexíveis, é aconselhável a execução de juntas flexíveis para limitar a solicitação da alvenaria em função da deformação da estrutura.

A produção de vergas e contravergas, que, incorporadas à alvenaria para a distribuição das tensões, tendem a se concentrar nos cantos das aberturas de portas e janelas, pode ser executada de várias maneiras, em função da organização da obra e da disponibilidade de mão de obra e equipamentos.

Se corretamente dimensionadas, de acordo com as cargas atuantes sobre paredes com aberturas e com a extensão do vão e da parede, as vergas evitam o aparecimento de fissuras por efeito de cisalhamento, enquanto as contravergas absorvem as tensões de tração na flexão (Silva, 2003). A fim de absorver essas tensões, Thomaz e Helene (2000) sugerem:

- utilização de vergas e contravergas com transpasse mínimo de 40 cm para cada lado do vão;
- utilização de vergas contínuas, no caso de vãos sucessivos;
- dimensionamento de vergas e contravergas como vigas, no caso de portas ou janelas de grandes dimensões;
- não utilização de coxins laterais de distribuição em substituição a contravergas, pois tais elementos não redistribuem tensões provocadas por movimentações térmicas ou distorções dos panos no plano das paredes.

Vergas e contravergas bem executadas são imprescindíveis para o bom desempenho das alvenarias de vedação (Fig. 1.3). A Fig. 1.4 mostra vergas sobre vãos de porta em uma obra onde elas foram pré-fabricadas no canteiro e aplicadas onde necessárias.

As alvenarias do último pavimento de edificações sofrem solicitações devidas às movimentações da laje de cobertura, pois esta normal-

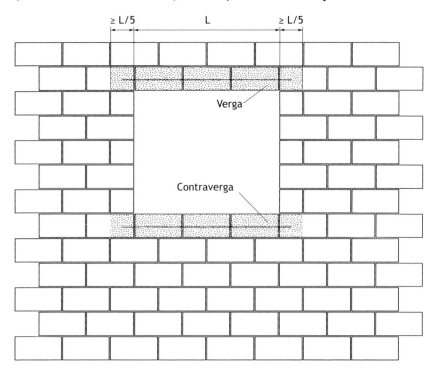

Fig. 1.3 *Vergas e contravergas*

Fig. 1.4 *Vergas em obra*

mente está muito exposta às variações de temperatura. Para minimizar os efeitos, recomendam-se cuidados como ventilação do ático, isolamento térmico da laje de cobertura e proteção contra insolação, entre outros. No entanto, para resultados mais eficazes, pode-se prover a laje de cobertura de junta de dilatação, tornar o apoio da laje deslizante, com o uso de aparelhos de apoio apropriados, utilizar encunhamento flexível, aplicar tela na argamassa de revestimento e reforçar os vértices das aberturas (Figs. 1.5 e 1.6).

Também é importante considerar em projeto que as lâminas de água sejam deslocadas rapidamente das fachadas; para tal, podem-se

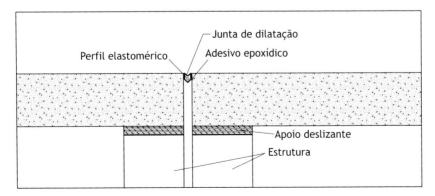

Fig. 1.5 *Junta de dilatação e apoio deslizante para lajes de cobertura*

Fig. 1.6 *Reforço com tela nos vértices das aberturas em obra*

adotar detalhes construtivos como beirais e pingadeiras, entre outros. Algumas outras recomendações devem ser seguidas, tais como: a espessura das paredes externas não deve ser inferior a 14 cm, e estas devem ser revestidas; o projeto arquitetônico deve contemplar detalhes que controlem o fluxo de água; uma adequada instalação de rufos deve ser realizada nos encontros de alvenarias externas paralelas, pois são importantes para evitar a infiltração de água pelo topo das alvenarias; todas as juntas devem ser tratadas adequadamente com selantes elastoméricos; e o sistema de impermeabilização adequado deve ser escolhido para alvenarias em contato com pisos laváveis, para platibandas em terraços ou varandas e para vigas baldrames e fundações.

A seguir são apresentadas diretrizes para a definição da sequência de execução de alvenaria, as quais devem ser contempladas em projeto:

- retardar ao máximo o início da elevação, considerando-se tempo suficiente para que a estrutura tenha sofrido deformação inicial em pelo menos dois pavimentos acima daquele no qual será iniciada a alvenaria;
- executar as alvenarias a partir de pavimentos superiores;
- retardar ao máximo o início da fixação na estrutura, evitando realizá-la caso a alvenaria tenha sido executada há menos de 14 dias, incorporando toda a carga permanente possível e iniciando as fixações a partir dos pavimentos superiores;

- para a fixação de topo da alvenaria do último pavimento, aguardar 30 dias após sua execução e fixá-lo apenas depois da instalação do telhado ou do isolamento térmico, ou, quando não for possível, executar isolamento térmico provisório e mantê-lo até a instalação da cobertura prevista;
- para encunhamento, pode-se utilizar cunhas de concreto pré-fabricadas, tijolos cerâmicos maciços inclinados – que permitem que a alvenaria trabalhe rigidamente ligada à estrutura, situação ideal para estruturas pouco deformáveis – e preenchimento com argamassa de encunhamento (Figs. 1.7 a 1.9). A solução mais adequada deve ser analisada para cada caso. Nas duas primeiras soluções, o espaço entre a alvenaria e a laje deve ter entre 10 cm e 15 cm, ao passo que, na solução com argamassa de encunhamento, essa distância deve ser de 2 cm a 3 cm. A utilização de tijolos cerâmicos maciços inclinados pode causar problema na execução de um revestimento racionalizado, por se tratar de dois materiais diferentes e com espessuras distintas.

A Fig. 1.10 apresenta um encunhamento por argamassa específica na fase de obra. Um detalhe impor-

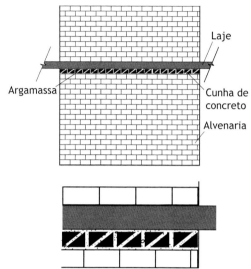

Fig. 1.7 Encunhamento por cunhas de concreto pré-fabricadas

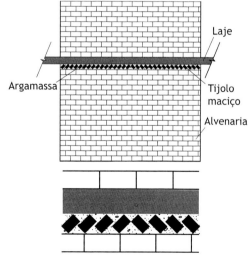

Fig. 1.8 Encunhamento por tijolos cerâmicos maciços inclinados

PATOLOGIA EM ALVENARIAS

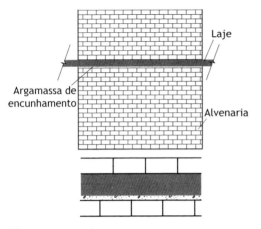

Fig. 1.9 *Encunhamento por argamassa específica*

tante dessa obra é que suas lajes são nervuradas, o que poderia ter prejudicado o encunhamento caso não se tivesse tomado o cuidado de prever trechos maciços de lajes sobre as alvenarias, como se observa na foto.

A argamassa de encunhamento deve ser resiliente e proporcionar uma união flexível, evitando que deformações nas estruturas transmitam esforços para as alvenarias, razão pela qual é ideal para estruturas flexíveis. Entende-se por resiliência da argamassa de encunhamento sua capacidade de não sofrer ruptura ao se deformar por solicitações diversas e retornar a suas dimensões originais após cessarem as solicitações. Essa resiliência, conforme descrito anteriormente, é inversamente proporcional ao valor de seu módulo de deformação. Essa argamassa deve ter alta plasticidade, aderência e baixo módulo de elasticidade, diminuindo, assim, a incidência de fissuração nas alvenarias. Ela permite movimentações sem fissuras prejudiciais, ou seja, acomoda pequenos movimentos, e as fissuras distribuem-se como fissuras capilares nas juntas.

Fig. 1.10 *Encunhamento por argamassa específica em obra*

Em estruturas muito flexíveis, sugere-se a ancoragem superior das alvenarias com insertos de aço fixados nas vigas ou lajes mediante furação, limpeza e colagem com resina epóxi.

No encontro de alvenarias com pilares de estruturas muito deformáveis, devem igualmente ser empregadas juntas flexíveis, para limitar a introdução de tensões nas alvenarias pelas deformações das estruturas e para evitar destacamentos em virtude das movimentações higrotérmicas do material da alvenaria. Sugere-se a aplicação de poliestireno expandido, poliuretano ou cortiça, introduzidos sob pressão, com espessura um pouco maior do que a folga. A ancoragem dessas alvenarias deve ser feita com tela metálica para evitar a transmissão de esforços e minimizar o surgimento de fissuras.

No encontro de alvenarias estruturais e não estruturais, também se recomenda a utilização de telas de ligação, conforme representado na Fig. 1.11.

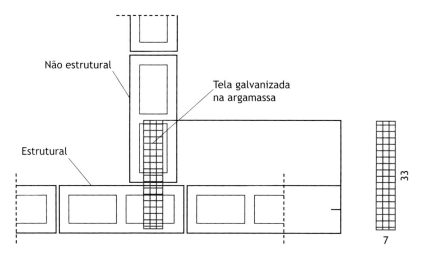

Fig. 1.11 *Ligação com tela*

1.2 Alvenarias estruturais

Na alvenaria estrutural, existe grande interdependência entre os vários projetos que fazem parte de uma edificação, sendo estes o arquitetônico, o estrutural e o de instalações, pois, além de sua função estrutural, a parede é também um elemento de vedação e pode conter os elementos de instalações. Assim sendo, o projeto deve ser todo cuidadosamente compatibilizado.

A coordenação deve identificar todas as interferências de todas as disciplinas envolvidas no projeto executivo da edificação, resolvendo conflitos e evitando improvisos na fase de execução da obra.

A unidade básica, bloco, possui dimensões conhecidas e de pequena variabilidade, o que possibilita a aplicação da coordenação modular.

A coordenação modular consiste no ajuste de todas as dimensões de projeto, horizontais e verticais, como múltiplo da dimensão da unidade básica. O objetivo principal é evitar cortes e desperdícios na fase de execução. Devem ser previstos todos os encontros de paredes, aberturas, pontos de graute e armadura, ligações com lajes, inserção de elementos pré-moldados, caixilharia e instalações em geral. Deve-se ainda evitar a formação de juntas verticais a prumo, uma vez que elas proporcionam pontos de fraqueza que têm como consequência o surgimento de avarias, comumente na forma de fissuras.

É necessário atentar para os pés-direitos da edificação, contemplando a altura da alvenaria estrutural, das lajes, do entreforro e dos espelhos das escadas. A determinação do pé-direito deve ser feita de forma conjunta entre estrutura, instalações e arquitetura. A altura da laje é determinada pelo projeto estrutural, o qual ainda limita a altura das alvenarias em alturas inteiras das unidades. A altura do entreforro depende das instalações. A arquitetura define o vão livre abaixo do forro, o tipo e a espessura do revestimento, a altura dos espelhos das escadas e seu espaço em planta, considerando o passo ideal. Nota-se que a determinação do pé-direito em projetos de alvenaria estrutural é uma atividade complexa e deve ser muito bem coordenada. A Fig. 1.12 mostra as interferências que influenciam a definição do pé-direito.

A alvenaria armada consiste em linhas horizontais e verticais preenchidas com graute e contendo armadura. A Fig. 1.13 apresenta um exemplo de alvenaria armada, e a Fig. 1.14, exemplos de dimensões de blocos. Já a Fig. 1.15 mostra os principais tipos de amarração entre alvenarias.

1 # Projeto e execução

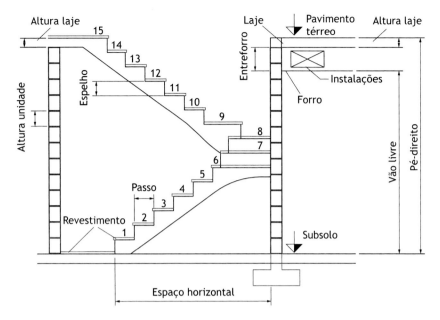

Fig. 1.12 *Pé-direito com indicações das interferências*

1.2.1 Argamassas

As argamassas são a mistura de um ou mais aglomerantes, agregados miúdos e água, proporcionando capacidade de endurecimento e aderência.

Os revestimentos argamassados têm como principais objetivos dar um aspecto agradável às alvenarias e estruturas, proteger a edificação das intempéries, minimizar a degradação dos materiais de construção e promover a segurança e o conforto dos usuários. Qualquer avaria nos revestimentos gera insatisfação dos usuários, além de custos para a recuperação de possíveis danos à edificação.

Os agregados são componentes inertes que necessitam de um material ativo, o aglomerante, para que fiquem ligados. Conforme a composição, forma-se a pasta utilizando apenas o aglomerante e água, chega-se à argamassa adicionando à mistura da pasta o agregado miúdo, e, com a adição do agregado graúdo, forma-se o concreto. Os aglomerantes podem ser aéreos ou hidráulicos. Os aéreos enrijecem quando expostos ao ar e não têm resistência quando expostos à água, como o gesso. Por sua vez, o cimento Portland e a cal hidráulica são exemplos de

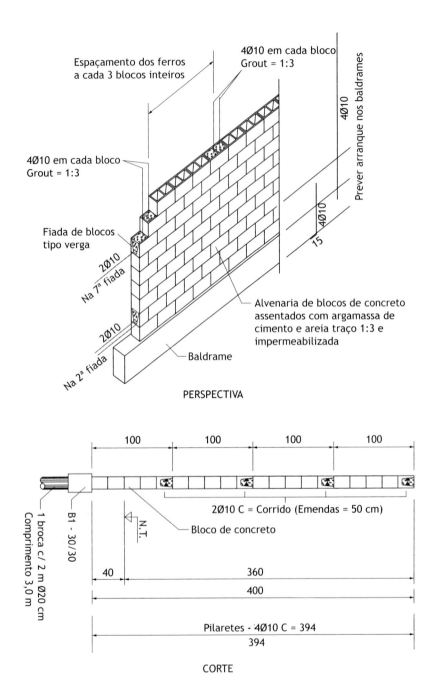

Fig. 1.13 *Alvenaria armada em corte e perspectiva*

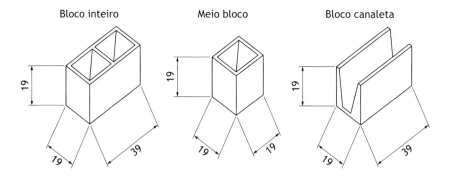

Fig. 1.14 *Dimensões da unidade básica*

aglomerantes hidráulicos, resistentes à ação da água após secos. A seguir são apresentados os componentes das argamassas.

Agregados

A areia natural quartzosa é bastante utilizada como agregado para revestimentos argamassados. Algumas impurezas são prejudiciais aos revestimentos, tais como aglomerados argilosos, pirita, mica, concreções ferruginosas e matéria orgânica. O surgimento de vesículas no revestimento argamassado é uma anomalia decorrente da expansão, efeito resultante de oxidação da pirita e das concreções ferruginosas, de hidratação de argilominerais ou de matéria orgânica. Vesículas esporádicas também podem ser causadas por matéria orgânica, no interior das quais se observa um ponto escuro.

A presença de núcleos argilosos, com excesso de finos na areia ou mica em quantidade apreciável, pode ocasionar a desagregação do revestimento. A mica também pode diminuir a aderência do revestimento, tanto com a base como entre duas camadas.

Aglomerantes

Cal

A cal virgem é o óxido de cálcio (CaO) e não é encontrada na natureza, sendo obtida industrialmente por pirólise (decomposição térmica) de calcário. Ela é utilizada na fabricação de cal extinta ou hidratada, $Ca(OH)_2$ (hidróxido de cálcio). A regeneração desse componente no

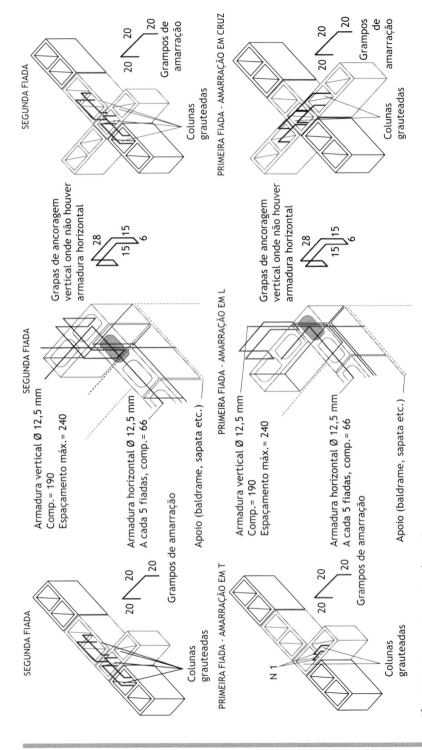

Fig. 1.15 *Amarrações entre alvenarias*

endurecimento da argamassa conclui o ciclo de reações, resultado da ação do anidrido carbônico do ar.

A hidratação da cal virgem ocorre por meio de uma reação contínua, e sua velocidade varia conforme as condições de calcinação da matéria-prima. Caso essa reação não seja completa, pode continuar após o ensacamento ou, pior, durante ou após a aplicação da argamassa. Quando ainda na embalagem, acontece o rompimento desta, porém, quando essa reação continua durante ou após a aplicação da argamassa, pode haver o surgimento de vesículas ou o empolamento do revestimento; este último provoca o desprendimento do revestimento.

Cimento

O tipo de cimento a ser utilizado em revestimentos argamassados não é fator relevante, mas sim o teor de finos. Quanto maior esse teor, maior a retenção de água nas primeiras horas de cura, controlando, assim, a retração da argamassa. Porém, em idades mais avançadas, a retração da argamassa aumenta com o teor de finos. Portanto, nas argamassas com maior teor de cimento e, consequentemente, maior limite de resistência, as tensões vão se acumulando e a ruptura, quando ocorre, é na forma de macrofissuras, muito prejudiciais ao revestimento. Por outro lado, nas argamassas cujas ligações internas são menos resistentes, as tensões são dissipadas na forma de microfissuras não prejudiciais.

Classificação das argamassas

As argamassas podem ser classificadas de acordo com o tipo de aglomerante, o tipo dos elementos ativos, a dosagem, a consistência, a densidade de massa e a forma de preparo ou fornecimento (Quadro 1.1).

Atualmente se utilizam sobretudo as argamassas hidráulicas com cimento como aglomerante, devido à resistência mecânica e à resistência à umidade. Por terem rápido endurecimento, são também usadas em chapisco. A durabilidade dessas argamassas também é maior, razão pela qual elas passaram a substituir as argamassas de cal, que, por sua vez, têm maior plasticidade e proporcionam melhor acabamento. Desse modo, a cal não é mais utilizada como aglomerante principal, mas sim em menor proporção, melhorando a plasticidade e, com isso, a trabalhabilidade das argamassas de cimento.

Quadro 1.1 Classificação das argamassas

Quanto ao tipo de aglomerante, podem ser argamassa de cal, argamassa de cimento, argamassa de cimento e cal, argamassa de gesso e argamassa de cal e gesso	Aéreas	Quando em sua composição há um ou mais tipos de aglomerante aéreo
	Hidráulicas	Quando são utilizados um ou mais aglomerantes hidráulicos
	Mistas	Quando são utilizados um aglomerante aéreo e um hidráulico
Quanto ao tipo de elementos ativos	Simples	Quando possuem somente um elemento ativo
	Compostas	Quando possuem mais de um elemento ativo
Quanto à dosagem	Pobres ou magras	Quando o volume de aglomerante não é suficiente para preencher os vazios dos agregados
	Cheias	Quando os vazios são perfeitamente preenchidos pela pasta, formando a dosagem ideal
	Ricas ou gordas	Quando há excesso de pasta
Quanto à consistência	Secas	Quando falta água na mistura
	Plásticas	Quando a quantidade de água da mistura é suficiente para formar uma pasta moldável
	Fluídas	Quando há excesso de água
Quanto à densidade de massa	Leves	
	Normais	
	Pesadas	
Quanto à forma de preparo	Preparadas em obra	
	Mistura semipronta para argamassa	
	Industrializadas	
	Dosadas na central	

Surge, assim, a argamassa mista de cal e cimento, atualmente muito empregada para execução de alvenarias de vedação, emboços, rebocos, revestimento monocamada e preparo de paredes que receberão revestimentos cerâmicos.

Funções das argamassas

Conforme o emprego dado à argamassa, ela assume diferentes funções, entre as quais se destacam: para construção de alvenarias, para revestimento de paredes e tetos, para revestimento de pisos, para revestimentos cerâmicos de paredes e pisos e para recuperação de estruturas.

Argamassa para construção de alvenarias

Quando utilizada nas elevações das alvenarias, é denominada argamassa de assentamento. Tem as seguintes funções: unir as unidades de alvenaria, tornando-a monolítica, de forma a melhor resistir aos esforços laterais; distribuir uniformemente as cargas atuantes na alvenaria pela área resistente dos blocos; selar as juntas, garantindo a estanqueidade da parede à penetração de água das chuvas; e absorver as deformações naturais, como as de origem térmica e as de retração por secagem, de origem higroscópica.

Argamassas de fixação são utilizadas para encunhamento de alvenarias de vedação. Sua principal função é garantir a perfeita fixação dessas alvenarias às estruturas acima delas.

Argamassa para revestimento de paredes e tetos

A argamassa de revestimento tem a função de revestir paredes, muros e tetos. São utilizados seis tipos principais de argamassa: argamassa de chapisco, argamassa de emboço, argamassa de reboco, argamassa de camada única e argamassa para revestimento decorativo monocamada ou monocapa.

- Chapisco é uma camada de preparo da base, com a finalidade de uniformizar a superfície e melhorar a aderência do revestimento.
- Emboço é a camada de revestimento que cobre e regulariza a base, proporcionando uma superfície homogênea pronta para receber mais uma camada de reboco ou de revestimento decorativo.
- Reboco é a última camada de revestimento argamassado, propiciando uma superfície apta a receber o acabamento, como a pintura.

- A argamassa de camada única é aplicada diretamente à base e permite que esta receba o acabamento.
- A monocamada é um revestimento aplicado em uma única camada, funcionando como regularização e decoração. A argamassa de revestimento decorativo monocamada é industrializada e constituída pela mistura homogênea de materiais básicos, os quais podem variar conforme o fabricante: cimento branco estrutural, agregado leve de diâmetro máximo de 1,2 mm, cal hidratada, pigmentos minerais inorgânicos, retentor de água, incorporador de ar, fungicidas e plastificantes. Ainda não é normalizada no Brasil.

Argamassa para revestimento de pisos

Quando utilizada para revestimento de pisos, pode ser argamassa de contrapiso ou argamassa de alta resistência para piso.

Argamassa para revestimentos cerâmicos de paredes e pisos

Em revestimentos cerâmicos, são utilizados dois tipos de argamassa: argamassa de assentamento de peças cerâmicas com colante e argamassa de rejuntamento.

Argamassa para recuperação de estruturas

Quando existe a necessidade de recuperação de estruturas, a argamassa utilizada é a de reparo.

Propriedades e condições das argamassas

Segundo a NBR 13749 (ABNT, 2013b), o revestimento deve satisfazer às seguintes condições:

- ser compatível com o acabamento decorativo (pintura, papel de parede, revestimento cerâmico e outros);
- ter resistência mecânica decrescente ou uniforme, a partir da primeira camada em contato com a base, sem comprometer sua durabilidade ou acabamento final;
- ser constituído por uma ou mais camadas superpostas de argamassas contínuas e uniformes;
- ter propriedade hidrofugante, no caso de revestimento externo de argamassa aparente, sem pintura e base porosa, sendo que, no caso

de não se empregar argamassa hidrofugante, deve ser executada pintura específica para esse fim;

- ter propriedade impermeabilizante, no caso de revestimento externo de superfícies em contato com o solo;
- resistir à ação de variações normais de temperatura e umidade do meio, quando externo.

Essa mesma norma ainda faz referência ao aspecto dos revestimentos e à sua espessura, prumo, nivelamento, planeza e aderência, conforme descrito a seguir.

Quanto ao aspecto, o revestimento de argamassa deve apresentar textura uniforme, sem imperfeições, tais como cavidades, fissuras, manchas e eflorescências, devendo ser previstos na especificação de projeto os critérios para sua aceitação ou rejeição, conforme os níveis de tolerância admitidos.

A espessura (e) dos revestimentos internos e externos está indicada na Tab. 1.1. Quando for necessário empregar um revestimento com espessura superior à apresentada na tabela, devem ser tomados cuidados especiais, de forma a garantir a aderência do revestimento, como indicado na NBR 7200 (ABNT, 1998).

O desvio de prumo de revestimento de argamassas sobre paredes internas, ao final de sua execução, não deve exceder $H/900$, sendo H a altura da parede em metros.

Quanto ao nivelamento, o desvio de nível de revestimentos de teto de argamassas, ao final de sua execução, não deve exceder $L/900$, sendo L o comprimento do maior vão do teto em metros.

Tab. 1.1 Espessuras admissíveis de revestimentos internos e externos

Revestimento	Espessura (mm)
Parede interna	$5 \leq e \leq 20$
Parede externa	$20 \leq e \leq 30$

Fonte: ABNT (2013b).

O revestimento de argamassa também deve ser verificado com respeito à planeza, conforme os itens a seguir:

- na verificação da planeza do revestimento interno em argamassa, após a eliminação dos grãos de areia soltos na superfície, devem-se considerar as irregularidades graduais e as irregularidades abruptas da superfície;
- as ondulações não devem superar 3 mm em relação a uma régua com 2 m de comprimento, ao passo que as irregularidades abruptas

não devem superar 2 mm em relação a uma régua com 20 cm de comprimento.

Por fim, o revestimento de argamassa deve apresentar aderência com a base e entre suas camadas constituintes, conforme os itens a seguir:

- Avaliar a aderência dos revestimentos por meio de ensaios de percussão realizados através de impactos leves, não contundentes, com martelo de madeira ou outro instrumento rijo. A avaliação deve ser feita em cerca de 1 m², a cada 50 m² para tetos e a cada 100 m² para paredes. Os revestimentos que apresentarem som cavo nessa inspeção por amostragem deverão ser integralmente percutidos para que seja estimada a área total com falha de aderência a ser reparada.
- Sempre que a fiscalização julgar necessário, deve ser realizada ou solicitada a um laboratório especializado a execução de pelo menos seis ensaios de resistência à tração, conforme a NBR 13528 (ABNT, 2010b), em pontos escolhidos aleatoriamente, a cada 100 m² ou menos da área suspeita. O revestimento dessa área deve ser aceito se, em cada grupo de seis ensaios realizados (com idade igual ou superior a 28 dias), pelo menos quatro valores forem iguais ou superiores aos indicados na Tab. 1.2.

Deve-se realizar o ensaio de aderência de revestimentos de argamassa conforme as recomendações da NBR 13528 (ABNT, 2010b) para auxiliar no controle das variáveis que interferem no desempenho do produto.

Tab. 1.2 Limites de resistência de aderência à tração (*Ra*), para emboço e camada única

Local		Acabamento	*Ra* (MPa)
Parede	Interna	Pintura ou base para reboco	≥0,20
		Cerâmica ou laminado	≥0,30
	Externa	Pintura ou base para reboco	≥0,30
		Cerâmica	≥0,30
Teto			≥0,20

Fonte: ABNT (2013b).

1.3 EXECUÇÃO

Um projeto bem elaborado não tem valia se não for bem executado. Para tanto, é imprescindível a presença de um responsável técnico habilitado. Para uma boa execução, além de seguir rigorosamente o projeto, deve-se também atentar a cuidados para determinados detalhes.

Uma região propícia ao aparecimento de fissuras é o encontro entre a alvenaria de vedação e a estrutura de concreto do pavimento superior. As principais causas para essa ocorrência são a estrutura transmitir os esforços aos quais está submetida para a alvenaria e a retração da argamassa.

Para prevenir as fissuras, é necessário empregar materiais e técnicas que possam absorver esses esforços e maximizar a aderência entre essas partes da construção. O encunhamento com argamassa específica é uma dessas soluções e deve ser utilizado quando a estrutura é pouco deformável.

Para sua execução, a alvenaria deve ter sido concluída há no mínimo 14 dias e a superfície deve estar totalmente limpa, sem qualquer tipo de pó, óleo, eflorescências ou outros materiais que prejudiquem a aderência. O encunhamento deve ser realizado de cima para baixo, com intervalo mínimo de 24 horas entre os pavimentos, de maneira a dar tempo para a estrutura se deformar. A fixação das alvenarias deve ser iniciada após 60 dias da conclusão da estrutura e tendo sido esta carregada ao máximo, por exemplo, a execução do contrapiso e das alvenarias garantindo-se que uma maior deformação da estrutura já tenha ocorrido.

Estruturas pouco deformáveis podem utilizar o encunhamento rígido, assim as alvenarias ficam fortemente ligadas às estruturas. Exemplos desse tipo de encunhamento, conforme já citado anteriormente, são as cunhas de concreto, os tijolos maciços colocados de modo inclinado ou a argamassa expansiva. Alguns casos de utilização de argamassa expansiva apresentaram fissuração na alvenaria por falta de controle do expansor, ou seja, a expansão foi além do planejado, causando pressão na alvenaria e seu consequente rompimento. Devido a esse histórico, algumas construtoras deixaram de adotar esse tipo de fixação de alvenarias.

Mão de obra qualificada é fator imprescindível para uma boa execução. O executor deve ter a habilidade de compreender o projeto e aplicar todas as recomendações na execução. Investir na qualificação da mão de obra pode resultar em grande economia, evitando retrabalhos, desperdícios de materiais e a insatisfação do usuário final; tal qualificação está diretamente ligada com a imagem da empresa executora.

É importante que haja um engenheiro de obra com a responsabilidade exclusivamente técnica, garantindo a fiel interpretação e execução do projeto. A integração do setor de compras com o setor técnico é essencial para que sejam adquiridos os materiais adequados, de acordo com os projetos e com qualidade atestada.

A obra deve ser planejada e controlada desde a fase de implantação até a entrega final. Cronogramas físico-financeiros auxiliam muito nessa tarefa. Existem também programas de gerenciamento de obra, entre outras formas de controle. Porém, seja qual for o instrumento de controle escolhido, deve ser elaborado de forma personalizada para cada obra, respeitando os métodos executivos da empresa, o número de funcionários, os equipamentos a serem utilizados e todos os fatores que influenciam o desenvolvimento dela. O profissional que usar a ferramenta de controle deve ter total conhecimento da realidade da obra, caso contrário, os sistemas de controle elaborados não terão nenhuma utilidade prática, servindo apenas para onerar o empreendimento sem mensurar verdadeiramente seu desempenho.

O nível de serviços é a qualidade com que se administra um fluxo de serviços e materiais para atender às necessidades do cliente. A logística aplicada à construção civil interfere fortemente no bom andamento do empreendimento como um todo e controla o nível de serviços conforme cada empreendimento. Sabe-se que, quanto maior a qualidade de serviços e materiais, maior também o custo; assim sendo, é necessário atingir o nível de serviços que se enquadra em cada empreendimento. A logística pode proporcionar alguns elementos, no nível de serviços, baseados em condições adequadas de ambiente de trabalho. O trabalhador deve ter sua segurança garantida e, para que possa desempenhar suas funções satisfatoriamente, o local de trabalho deve permanecer limpo e organizado. Os estoques devem ser controlados para as quantidades mínimas necessárias e ter localização estratégica. Deve haver planos emergenciais para situações não planejadas no caso de equipamentos e serviços essenciais ao andamento da obra. Para tal, volta-se ao fato de ser necessária uma equipe qualificada e treinada para manter a disciplina e o constante aprimoramento.

Segundo Vieira (2006), existe um programa que foi adotado primeiramente na indústria seriada do Japão e mais tarde em outros segmentos industriais e países, com aplicabilidade bastante interessante para o caso da construção civil. É o chamado *método 5S* (senso de simplificação, organização, limpeza, higiene e disciplina).

A prevenção de fissuras nos edifícios, como não poderia deixar de ser, passa obrigatoriamente por todas as regras do bem planejar e do bem construir. Mas ainda exige controle sistemático e eficiente da qualidade dos materiais e serviços, perfeita harmonia entre os diversos projetos executivos, estocagem e manuseio correto dos materiais e componentes no canteiro de obras, utilização e manutenção correta do edifício etc. (Thomaz, 1989).

Outro tema extremamente relevante é a sustentabilidade. Segundo Ching (2010), buscando minimizar o impacto ambiental negativo do desenvolvimento, a sustentabilidade enfatiza a eficiência e a moderação no uso de materiais, energia e recursos especiais. Construir de maneira sustentável implica prestar atenção às consequências amplas e previsíveis de decisões, ações e eventos ao longo do ciclo de vida de uma edificação, desde a concepção até a implantação (projeto, construção, uso e manutenção de novas edificações), bem como ao processo de renovação de edificações preexistentes e à reformulação de comunidades e cidades.

A busca pela qualidade predial total tem despertado a conscientização de construtores e incorporadores que almejam atender às exigências crescentes dos consumidores do mercado imobiliário e atinge todos os segmentos dos produtos da construção, do usuário da habitação de interesse social (HIS) ao usuário de um edifício do mais alto padrão (Gomide; Fagundes; Gullo, 2011).

1.3.1 Manual de operação, uso e manutenção

O executor da edificação deve elaborar o manual de operação, uso e manutenção, documento que reúne as informações necessárias para orientar essas atividades. Esse manual pode também ser chamado de manual do proprietário, quando aplicado para as unidades autônomas, e manual das áreas comuns, quando aplicado para as áreas de uso comum. Quando da disponibilização da edificação para uso, ele deve ser entregue a cada proprietário e ao condomínio, devendo atender ao disposto na NBR 14037 (ABNT, 2014b), com explicitação dos prazos de garantia aplicáveis ao caso, previstos pelo construtor ou pelo incorporador. O manual do proprietário deve conter ainda as informações relativas às sobrecargas limitantes no uso das edificações.

O usuário deve realizar a manutenção de acordo com o que estabelece a NBR 5674 (ABNT, 2012) e o manual de operação, uso e manutenção.

2 PATOLOGIA DAS EDIFICAÇÕES

Patologia das edificações é a ciência que estuda as origens, as formas de apresentação, os aspectos e as possíveis soluções de anomalias nas edificações e como evitar que qualquer componente de uma edificação deixe de atender aos requisitos mínimos para os quais foi projetado. Anomalias podem ocorrer em consequência de um projeto não adequadamente detalhado ou falhas na execução.

As trincas são consideradas de grande importância entre as manifestações patológicas, pois podem significar o aviso de um possível colapso da estrutura e o comprometimento do desempenho da edificação, além do abalo psicológico que exercem sobre as pessoas.

Devem-se prevenir anomalias e, quando ocorrerem, trata-las de modo eficiente com técnicas adequadas. Serão apresentadas as mais frequentes relacionadas a alvenarias e revestimentos argamassados, identificando suas causas, tipologia e técnicas de recuperação.

Os principais requisitos a serem garantidos em uma edificação são: segurança estrutural, estanqueidade à água, conforto térmico, conforto acústico e durabilidade. Estes podem ser comprometidos por manifestações patológicas, que devem ser evitadas ou corrigidas.

A segurança estrutural é avaliada para o estado-limite último, aquele que determina a ruína, e para o estado-limite de utilização, que limita a formação de fissuras, deformações, falhas localizadas e outras avarias que possam comprometer o uso da edificação, sua durabilidade e a satisfação dos usuários.

A presença de água nas edificações pode lhes causar avarias e ser consequência de águas de chuva, vazamento em tubulações, água de lavagem e de serviços de manutenção, umidade do solo que, por capilaridade, ascende pelos componentes construtivos, ou água remanescente das atividades de construção do edifício.

Os efeitos da ação da água podem comprometer a estabilidade e as condições de habitabilidade do edifício. Entre eles, destacam-se: variação dimensional dos materiais e componentes construtivos, como consequência da variação de umidade, originando fissuras; proliferação de microrganismos, causando o aparecimento de manchas e eflorescências; aumento da transmissão de calor; redução da resistência de componentes; deterioração e destacamento de revestimentos; oxidação de metais; e desencadeamento de processos químicos.

O conforto térmico deve ser garantido pelo emprego de materiais adequados e pela qualidade dos serviços de aplicação deles. A grande variação de temperatura compromete não só a habitabilidade como também a durabilidade da edificação, podendo ocorrer avarias por grande dilatação e retração de seus componentes.

O desempenho acústico não coloca em risco a segurança da edificação, tampouco sua durabilidade, sendo importante, no entanto, para o conforto e a privacidade dos usuários. Deve-se atentar a esse requisito, uma vez que a espessura e a massa dos componentes estão sendo reduzidas para economia de materiais e diminuição da massa, proporcionando economia estrutural e de fundações. Os níveis de ruído, porém, tendem a permanecer os mesmos ou sofrer aumento proporcional ao crescimento da população.

A durabilidade da edificação depende de quase todos os demais requisitos discutidos anteriormente; em contrapartida, também tem influência sobre todos eles, sendo de suma importância.

2.1 ANOMALIAS EM ALVENARIA NÃO ESTRUTURAL

Como já definido anteriormente, a alvenaria não estrutural não é projetada para resistir à atuação de cargas verticais além das provenientes de seu peso próprio e de pequenas cargas de ocupação. Portanto, ao ocorrerem deformações dos elementos estruturais horizontais associadas à execução de encunhamento inadequado, essas alvenarias sofrem sobrecarga, que pode proporcionar a formação de fissuras. Por serem constituídas de materiais pétreos, as alvenarias respondem bem às solicitações de compressão, porém o mesmo não ocorre em relação às solicitações de tração, flexão e cisalhamento. Dessa forma, as tensões de cisalhamento e tração são as responsáveis pela maioria das ocorrências de fissuras em alvenarias, sejam elas estruturais ou não.

A diferença de comportamento dos materiais que compõem as alvenarias também influi na fissuração delas. Argamassas e blocos têm propriedades diferenciadas, como módulo de elasticidade e coeficiente de Poisson, entre outras. A configuração das fissuras evidencia os diferentes comportamentos dos componentes das alvenarias e os agentes das avarias.

A Fig. 2.1 apresenta uma forma de fissuração comum em alvenarias, em que a resistência à tração da unidade componente da alvenaria é maior que a resistência à tração da argamassa.

Quando a resistência à tração da unidade componente da alvenaria é igual ou inferior à resistência à tração da argamassa de assentamento, o desenvolvimento da fissura é conforme apresentado na Fig. 2.2.

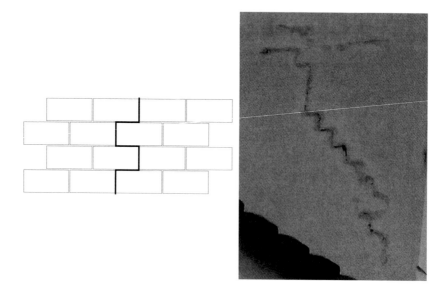

Fig. 2.1 *Fissura predominantemente na argamassa*

2 # Patologia das edificações

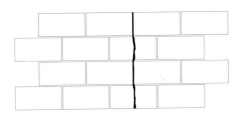 

Fig. 2.2 *Fissura através de argamassa e bloco*

Quando a solicitação da alvenaria ocorre por uma carga uniformemente distribuída, podem acontecer sobretudo duas formas de fissura. A configuração das fissuras apresenta-se em paredes sem aberturas como mostrado na Fig. 2.3 e, em paredes com aberturas, como mostrado na Fig. 2.4.

A deformação excessiva dos componentes estruturais superiores e inferiores às alvenarias causa diferentes solicitações a essas alvenarias. No caso de excessiva deformação de ambos os componentes de forma idêntica, a configuração da fissuração se apresenta conforme a Fig. 2.5. Sendo a deformação do elemento estrutural de suporte da alvenaria

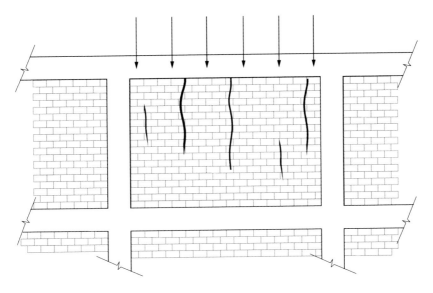

Fig. 2.3 *Fissuras em trecho contínuo de alvenaria pela atuação de carga vertical uniformemente distribuída*

45

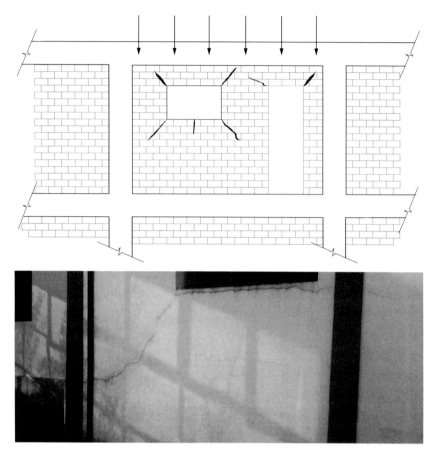

Fig. 2.4 *Fissuras em trecho de alvenaria com aberturas pela atuação de carga vertical uniformemente distribuída*

maior que a do componente estrutural superior à alvenaria, as fissuras se desenvolvem como na Fig. 2.6. A formação de fissuras quando a deformação do elemento estrutural superior à alvenaria é maior que a do inferior é mostrada na Fig. 2.7.

O destacamento entre a alvenaria e a estrutura pode ocorrer conforme apresentado na Fig. 2.8, além da ocorrência de fissuras no caso de alvenarias apoiadas em elementos estruturais em balanço. O efeito da flexão pode proporcionar deslocamentos das pontas dos balanços, ocasionando o surgimento de tensões de cisalhamento ou tração diagonal nas alvenarias.

2 # Patologia das edificações

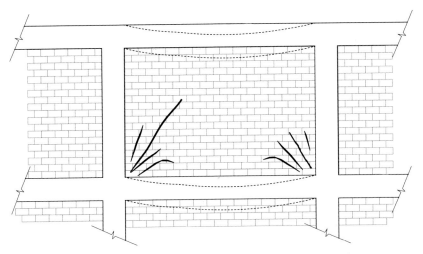

Fig. 2.5 *Fissuras em trecho de alvenaria com deformação idêntica dos componentes estruturais superiores e inferiores*

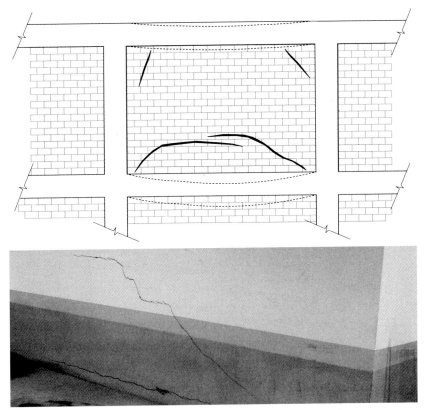

Fig. 2.6 *Fissuras em trecho de alvenaria com deformação maior dos componentes estruturais de apoio*

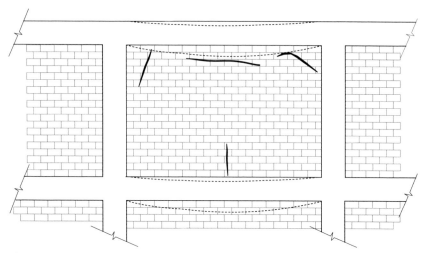

Fig. 2.7 Fissuras em trecho de alvenaria com deformação maior dos componentes estruturais superiores

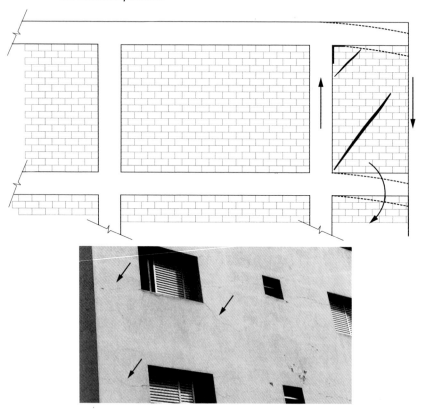

Fig. 2.8 Fissuras em trecho de alvenaria apoiada em estruturas em balanço com deformação

2 # Patologia das edificações

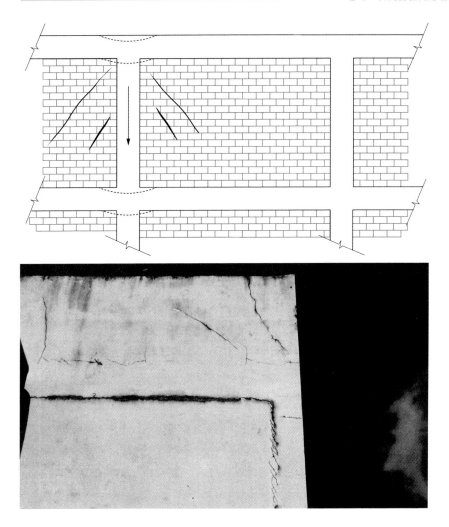

Fig. 2.9 *Fissuras em trecho de alvenaria por recalques diferenciados das fundações*

Anomalias semelhantes acontecem motivadas por recalques diferenciados das fundações, como pode ser visto na Fig. 2.9.

As propriedades físicas dos materiais que compõem as alvenarias e as estruturas são bastante diferenciadas. O coeficiente de dilatação térmica, a absorvência e a porosidade, entre outros, são exemplos dessas propriedades. Como consequência, observam-se movimentações diferenciadas dos componentes, podendo ocasionar o destacamento dos panos de alvenaria com a estrutura, principalmente por ausência de detalhes construtivos adequados nas ligações entre alvenaria e estrutura, encunhamento precoce, retração de secagem de blocos mal curados, entre outros. A Fig. 2.10 ilustra a configuração desse destacamento.

A configuração da fissuração pode variar conforme o esquema estrutural e a disposição das alvenarias. A Fig. 2.11 apresenta fissuras por movimentações higrotérmicas. Observam-se fissuras horizontais nas alvenarias provenientes de dilatação e retração diferenciadas entre os diferentes componentes.

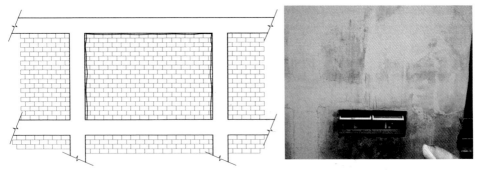

Fig. 2.10 *Destacamento de trecho de alvenaria por movimentações higrotérmicas diferenciadas*

A dilatação térmica das estruturas de edifícios altos também pode ocasionar o surgimento de fissuras nas alvenarias localizadas nos últimos pavimentos, conforme mostra a Fig. 2.12.

Fissuras verticais podem ainda ocorrer em encontros de alvenarias, seções onde haja mudança de espessura ou regiões enfraquecidas pela presença de tubulações.

Outro tipo de anomalia são as eflorescências, que são depósitos de sais acumulados sobre uma superfície. O acúmulo de sais na superfície dos componentes de alvenaria é proveniente da evaporação da água da solução saturada de sal que percolou através dos materiais.

Na grande maioria dos casos, a eflorescência agride apenas o aspecto estético, sendo muito raro o surgimento de fissuras ou expansões da alvenaria em consequência dessa avaria.

Para ocorrer, ela necessita da presença de dois fatores simultaneamente: umidade e sais. Portanto, uma providência a ser tomada para

Fig. 2.11 *Fissuração de trecho de alvenaria por movimentações higrotérmicas diferenciadas*

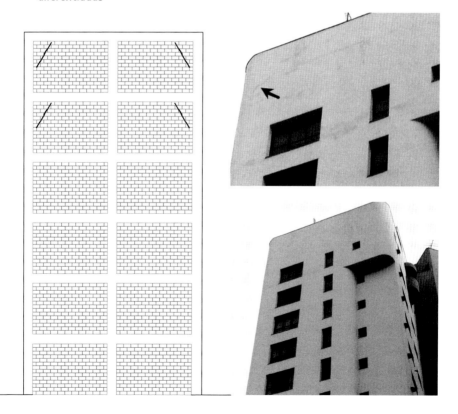

Fig. 2.12 *Fissuras de cisalhamento em alvenarias por dilatação térmica da estrutura*

sua prevenção é evitar a saturação dos materiais empregados. Outro cuidado importante é a adequada seleção dos materiais que comporão os elementos da alvenaria pelo critério da mínima quantidade de sais solúveis.

2.2 ANOMALIAS EM ALVENARIA ESTRUTURAL

A alvenaria estrutural é projetada para resistir à atuação de cargas verticais provenientes de seu peso próprio e cargas dos demais elementos estruturais nela apoiados, como as lajes. O surgimento de fissuras nesse tipo de alvenaria pode ser proveniente de solicitação de cargas verticais uniformemente distribuídas, de modo semelhante ao que ocorre em alvenarias não estruturais. As Figs. 2.13 e 2.14 ilustram essas fissurações para um trecho de alvenaria contínuo e para um trecho de alvenaria com aberturas, respectivamente.

Fissuras horizontais em alvenaria estrutural provenientes de cargas verticais atuando axialmente ao plano da alvenaria não são frequentes. Elas podem ocorrer por esmagamento da argamassa, por ruptura de blocos vazados, se

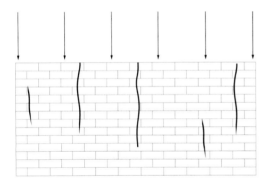

Fig. 2.13 *Fissuras em trecho contínuo de alvenaria estrutural pela atuação de carga vertical uniformemente distribuída*

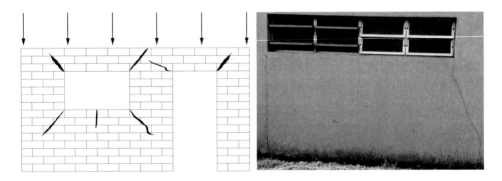

Fig. 2.14 *Fissuras em trecho de alvenaria estrutural com aberturas pela atuação de carga vertical uniformemente distribuída*

estes estiverem assentados com os furos dispostos horizontalmente, ou quando as alvenarias estão submetidas à flexocompressão, como, por exemplo, por solicitação de lajes.

Em casos de cargas concentradas, as fissuras nas alvenarias estruturais se desenvolvem conforme ilustrado na Fig. 2.15.

Recalques diferenciados de fundações também podem causar fissurações em alvenarias estruturais. Esses recalques podem ser provenientes de falhas de projeto, rebaixamento de aquífero, camadas de solo com resistências diferentes ao longo da edificação, consolidação diferenciada de aterros e influência de edificações vizinhas, entre outros motivos. As Figs. 2.16 e 2.17 mostram as configurações para esse tipo de fissuração.

Alvenarias estruturais apoiadas em elementos de fundação excessivamente flexíveis, sapatas corridas, *radiers* ou vigas baldrames podem apresentar fissuração por carregamentos desbalanceados. Podem-se tomar como exemplo as solicitações que se concentram nas vizinhanças de grandes aberturas na alvenaria. Assim, o trecho de alvenaria sob o vão é solicitado à flexocompressão, e as fissuras desenvolvem-se na vertical nas proximidades do peitoril, conforme apresentado na Fig. 2.18.

Fissuras por movimentação higroscópica podem ocorrer nas alvenarias estruturais, principalmente em alvenarias pouco carregadas, como no caso de edificações térreas, nas quais a expansão diferenciada entre fiadas tem maior efeito. As primeiras fiadas estão mais sujeitas à umidade do solo por capilaridade, respingos etc. A absorção de água causa expansão

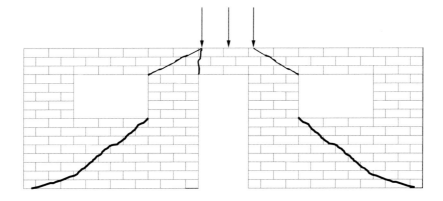

Fig. 2.15 *Fissuras em trecho de alvenaria estrutural com aberturas pela atuação de carga vertical concentrada*

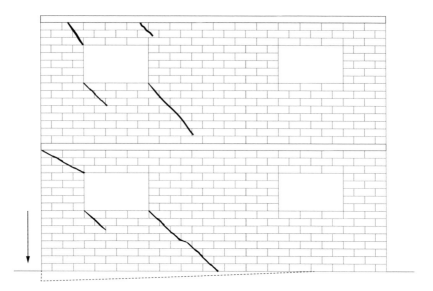

Fig. 2.16 *Fissuras em alvenaria estrutural com aberturas por recalques diferenciados de fundações*

nas alvenarias e, ao secar, ocorre contração. Isso pode acontecer também em encontros de alvenarias desprotegidos da umidade e em outros pontos. A Fig. 2.19 mostra o caso de fissura na base da alvenaria.

A retração de secagem das lajes de concreto armado, sobretudo quando de grandes vãos e sujeitas a forte insolação, pode causar fissuração nas alvenarias. O encurtamento da laje provoca a rotação das fiadas próximas a ela. A Fig. 2.20 ilustra o possível desenvolvimento de fissuras nesses casos.

2.3 Anomalias em revestimentos argamassados

As anomalias em revestimentos argamassados são consequência de vários fatores, entre os quais sua composição. No Cap. 1, esses revestimentos foram abordados para um melhor entendimento de determinadas avarias. Com base nessa breve abordagem, passa-se agora ao estudo de suas anomalias.

A reação de hidratação da cal virgem, quando continua ocorrendo após o revestimento ser aplicado, pode causar o surgimento de vesículas (Fig. 2.21); a presença de impurezas em agregados também pode provocar esse tipo de anomalia.

2 # Patologia das edificações

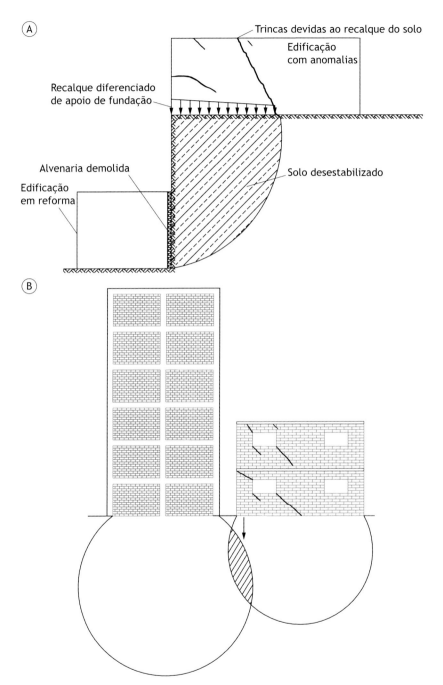

Fig. 2.17 *(A) Fissuras em alvenaria estrutural por recalques diferenciados de fundações e (B) fissuras em alvenaria estrutural na edificação menor por recalques diferenciados de fundações por influência de edificação vizinha*

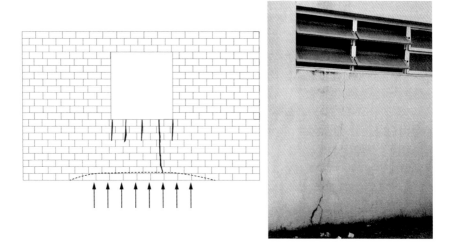

Fig. 2.18 *Fissuras em alvenaria estrutural por fundações excessivamente flexíveis*

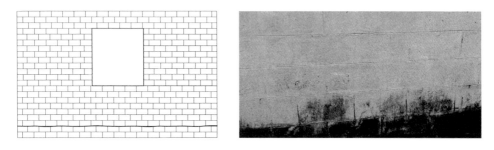

Fig. 2.19 *Fissuras na base de alvenaria estrutural por movimentações higroscópicas*

O empolamento do revestimento, mostrado na Fig. 2.22, pode igualmente ser causado pela reação de hidratação da cal virgem.

As argamassas com maior teor de cimento apresentam ruptura na forma de macrofissuras, muito prejudiciais ao revestimento. A Fig. 2.23 mostra essa avaria.

A presença de água em fachadas de edificações causa a proliferação de fungos, que provocam manchas e a deterioração dos revestimentos. As Figs. 2.24 e 2.25 ilustram esse problema, bem como os da falha de escoamento do fluxo d'água e de manutenção.

A má aderência do revestimento com a alvenaria pode proporcionar o descolamento dele. Esse descolamento também pode ser ocasionado

2 # Patologia das edificações

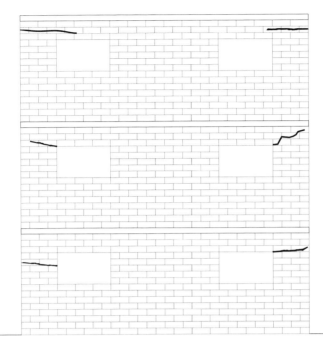

Fig. 2.20 *Fissuras em alvenaria estrutural pela retração de secagem das lajes de concreto armado*

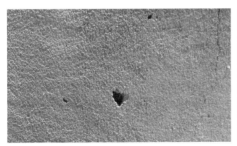 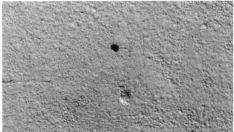

Fig. 2.21 *Vesícula em revestimento argamassado*

Fig. 2.22 *Empolamento de revestimento argamassado*

Fig. 2.23 Macrofissuras em revestimento argamassado

Fig. 2.24 Presença de fungos em fachadas

por revestimentos com traço e/ou espessura inadequados, ou ainda por presença de água (Fig. 2.26).

Já a má aderência entre as camadas do revestimento pode proporcionar o descolamento de algumas delas, conforme exibido na Fig. 2.27.

As tintas a óleo ou à base de borracha clorada e epóxi formam uma camada impermeável que dificulta a difusão do ar atmosférico através da argamassa de revestimento. Quando aplicada prematuramente, o grau de carbonatação atingido não é suficiente para conferir à camada de reboco a resistência necessária, e o revestimento acaba por deslocar-se do emboço com desagregação, como mostra a Fig. 2.28.

Fig. 2.25 *Presença de fungos e escoamento inadequado do fluxo d'água*

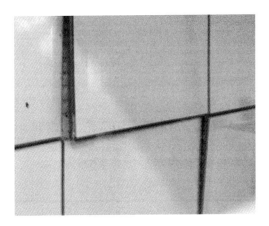

Fig. 2.26 *Descolamento do revestimento por presença de água*

Fig. 2.27 *Descolamento da camada externa do revestimento*

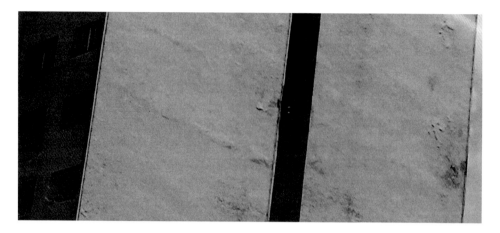

Fig. 2.28 Descolamento de revestimento por carbonatação insuficiente

IDENTIFICAÇÃO DE ANOMALIAS, SUAS CAUSAS E REPAROS POSSÍVEIS 3

Após a ocorrência de anomalias, sejam elas em alvenarias ou apenas nos revestimentos, deve-se proceder a seu reparo com brevidade, evitando, assim, maiores deteriorações da edificação. Dependendo do tipo e da extensão do dano, o reparo pode se tornar inviável, por isso a necessidade de ser realizado brevemente.

No entanto, para que o reparo seja eficaz, é preciso identificar com precisão a causa das anomalias e saná-las antes de qualquer outro procedimento. Quando não identificadas e sanadas as causas, a anomalia ocorrerá novamente nas áreas já reconstituídas, podendo também se alastrar por outras áreas não atingidas anteriormente. Portanto, antes da decisão de qual solução adotar, deve-se identificar as causas e a extensão do dano.

A seguir serão abordados os principais tipos de anomalia, seus aspectos, suas prováveis causas e possíveis reparos para cada uma delas.

3.1 ANOMALIAS EM REVESTIMENTOS ARGAMASSADOS
3.1.1 Proliferação de fungos
Aspectos

A proliferação de fungos pode apresentar os seguintes aspectos (Figs. 3.1 a 3.4):

- Manchas de umidade.
- Pó branco acumulado sobre a superfície.
- Manchas esverdeadas ou escuras.
- Revestimento em desagregação.

Causas prováveis atuando com ou sem simultaneidade
As principais causas possíveis são:
- Umidade constante.
- Sais solúveis presentes no elemento da alvenaria.
- Sais solúveis presentes na água de amassamento ou unidade infiltrada.
- Cal não carbonada.
- Área não exposta ao sol.

Relação entre causas prováveis e anomalia
Fachadas com fluxo de água inadequado estão constantemente expostas à umidade, e manchas provindas de umidade são comuns nessa situação, conforme observado na Fig. 3.1. Vazamentos e outras formas de exposição à umidade constante, como águas de lavagem, também podem ser as causas desse tipo de mancha.

A presença de sais solúveis em qualquer um dos elementos componentes da alvenaria, juntamente com a ação da água, proporciona o aparecimento de pó branco na superfície, como pode ser visto na Fig. 3.2.

A Fig. 3.3 mostra imagens de manchas esverdeadas ou escuras, as quais se apresentam em regiões expostas à umidade constante, podendo ser agravadas caso essas áreas não estejam expostas ao sol. São exemplos desse tipo de causa e anomalia alvenarias em contato com o solo, regiões sujeitas frequentemente a respingos e locais confinados e com ventilação precária.

Fig. 3.1 *Manchas de umidade em fachada*

3 # IDENTIFICAÇÃO DE ANOMALIAS, SUAS CAUSAS E REPAROS POSSÍVEIS

Fig. 3.2 Pó branco sobre a superfície

Fig. 3.3 Manchas esverdeadas ou escuras

Fig. 3.4 *Revestimento em desagregação*

A desagregação do revestimento, apresentada na Fig. 3.4, ocorre pela presença de cal não carbonada, como esclarecido na seção "Cal" (Cap. 1, p. 31), podendo também ser causada pela presença de umidade.

Reparos
- Eliminação da infiltração da umidade.
- Secagem do revestimento.
- Escovamento da superfície.
- Reparo do revestimento quando pulverulento.
- Lavagem com solução de hipoclorito.

Devem ser sanadas todas as infiltrações e, no caso de existirem microrganismos, deve-se proceder à lavagem com solução de hipoclorito. Todo material solto deve ser retirado, por meio de escovação e lavagem, e o revestimento deve ser totalmente seco.

3.1.2 Surgimento de vesículas
Aspectos
As vesículas apresentam os seguintes aspectos:
- Empolamento da pintura, com as partes internas das empolas na cor (Figs. 3.5 a 3.7):
    ◊ branca;
    ◊ preta;
    ◊ vermelho-acastanhada.
- Bolhas contendo umidade interior (Fig. 3.8).

Causas prováveis atuando com ou sem simultaneidade
As principais causas possíveis são:
- Hidratação retardada de óxido de cálcio da cal.

- Presença de pirita ou de matéria orgânica na areia.
- Presença de concreções ferruginosas na areia.
- Aplicação prematura de tinta impermeável.

Relação entre causas prováveis e anomalia
A hidratação retardada de óxido de cálcio da cal provoca a expansão do revestimento e, consequentemente, a formação da vesícula com a parte interna na cor branca, conforme apresentado na Fig. 3.5.

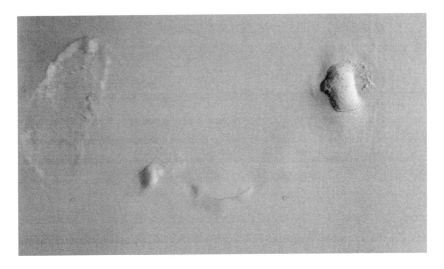

Fig. 3.5 *Empola com a parte interna na cor branca*

As vesículas com a parte interna na cor preta são decorrentes da presença de pirita ou matéria orgânica no agregado miúdo, ou seja, na areia. A deterioração do material estranho da areia na argamassa causa a expansão dele e a coloração preta típica desses dois tipos de componente. A Fig. 3.6 exibe esse tipo de avaria.

A Fig. 3.7 mostra uma vesícula com a parte interna na cor vermelho--acastanhada, típica da presença de concreções ferruginosas. A oxidação do ferro é a origem dessa coloração.

A presença de umidade pode provocar vesícula com umidade em seu interior. A umidade causa a expansão dos componentes do revestimento, ocasionando as bolhas, como visto na Fig. 3.8.

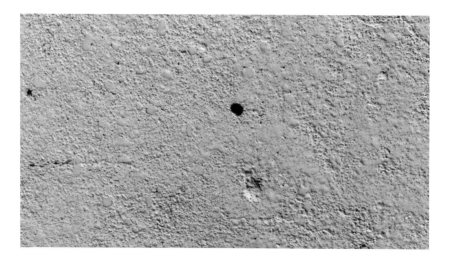

Fig. 3.6 *Empola com a parte interna na cor preta*

Fig. 3.7 *Empola com a parte interna na cor vermelho-acastanhada*

Reparos
- Renovação da camada de reboco.
- Eliminação da infiltração da umidade.

A região do revestimento que apresenta vesícula não pode ser recuperada; deve-se proceder à remoção de todo o revestimento afetado e refazê-lo. No entanto, caso haja a presença de umidade, esta tem que

3 # Identificação de anomalias, suas causas e reparos possíveis

Fig. 3.8 *Bolhas com umidade em seu interior*

ser totalmente sanada e a região precisa ser completamente seca antes de qualquer procedimento.

3.1.3 Descolamento com empolamento
Aspectos

O descolamento com empolamento exibe os seguintes aspectos:
- A superfície do reboco apresenta bolhas cujos diâmetros aumentam progressivamente (Fig. 3.9).
- O reboco apresenta som cavo quando solicitado à percussão.

Fig. 3.9 *Bolhas na superfície do reboco*

Causas prováveis atuando com ou sem simultaneidade

As principais causas possíveis são:

- Infiltração de umidade.
- Hidratação retardada do óxido de magnésio da cal.

Relação entre causas prováveis e anomalia

A principal diferença entre as vesículas e o descolamento com empolamento é que este último acontece em uma camada mais profunda. Isso significa que a origem da avaria está no reboco, e não na argamassa, como se pode observar na Fig. 3.9.

Reparos

- Renovação da camada de reboco.
- Renovação da pintura.

Da mesma forma que acontece com as vesículas, a região do revestimento que apresenta descolamento com empolamento não pode ser recuperada; deve-se proceder à remoção de todo o revestimento afetado e refazê-lo.

3.1.4 Fissuras mapeadas

Aspectos

As fissuras mapeadas têm forma variada e se distribuem por toda a superfície, como mostrado na Fig. 3.10.

Causas prováveis atuando com ou sem simultaneidade

A principal causa possível é a retração da argamassa de base.

Relação entre causas prováveis e anomalia

A Fig. 3.10 apresenta fissuras mapeadas, que são decorrentes do excesso de finos na argamassa, ou seja, argamassa rica, causando, assim, fissuração pela retração da argamassa.

Reparos

- Renovação do revestimento.
- Renovação da pintura.

3 # IDENTIFICAÇÃO DE ANOMALIAS, SUAS CAUSAS E REPAROS POSSÍVEIS

Fig. 3.10 *Fissuras mapeadas*

Essa avaria também não permite reparo, a não ser a remoção completa do revestimento e sua renovação.

3.1.5 Descolamento em placa
Aspectos
O descolamento em placa exibe os seguintes aspectos:
- A placa se apresenta endurecida, quebrando com dificuldade (Fig. 3.11).
- O revestimento exibe som cavo quando solicitado à percussão.
- A placa se apresenta endurecida, porém quebradiça, desagregando-se com facilidade (Fig. 3.12).

Causas prováveis atuando com ou sem simultaneidade
As principais causas possíveis são:
- A superfície de contato com a camada inferior apresenta placas frequentes de mica.
- Argamassa muito rica.
- Argamassa aplicada em camada muito espessa.
- A superfície da base é muito lisa.
- A superfície da base está impregnada com substância hidrófuga.
- Ausência da camada de chapisco.
- Argamassa magra.

Relação entre causas prováveis e anomalia

A mica tem aderência ruim e, portanto, quando a superfície de contato apresenta placas frequentes desse material, o descolamento do revestimento pode acontecer.

Argamassas muito ricas, conforme apresentado na Fig. 3.11, podem provocar o descolamento em placa endurecida.

A aplicação da argamassa em camada muito espessa tem como consequência o descolamento em placa. A grande espessura proporciona comportamentos de dilatação e retração diferenciados entre a base e o revestimento, como exibido na Fig. 3.12.

Quando a superfície de base é muito lisa, como superfícies nas quais foi aplicado desmoldante, a aderência entre a base e o revestimento fica muito dificultada. Para evitar que isso ocorra, deve-se escarificar a superfície de base antes de aplicar o revestimento.

Como o desmoldante contém óleo em sua composição, que é uma substância hidrófuga, antes da aplicação do revestimento, deve-se remover totalmente o material hidrófugo.

A camada de chapisco tem a função de melhorar a aderência entre a base e o revestimento; consequentemente, sua ausência pode provocar o descolamento em placa.

Argamassas magras não possuem aderência adequada.

Fig. 3.11 *Descolamento em placa endurecida*

3 # Identificação de anomalias, suas causas e reparos possíveis

Fig. 3.12 *Descolamento em placa endurecida e quebradiça*

Reparos
- Renovação do revestimento:
    ◊ apicoamento da base;
    ◊ eliminação da base hidrófuga;
    ◊ aplicação de chapisco ou outro artifício para a melhoria da aderência.

Revestimentos que sofreram descolamentos em placa não apresentam possibilidade de reparo, a não ser sua remoção e a execução de um novo revestimento, eliminando a causa identificada para a anomalia.

3.1.6 Fissuras horizontais
Aspectos
As fissuras horizontais apresentam-se em toda a parede, como pode ser visto na Fig. 3.13.

Causas prováveis atuando com ou sem simultaneidade
As principais causas possíveis são:
- Expansão da argamassa de assentamento por hidratação retardada do óxido de magnésio da cal.
- Expansão da argamassa de assentamento por reação cimento-sulfatos ou pela presença de argilominerais expansivos no agregado.

Fig. 3.13 *Fissuras horizontais*

Relação entre causas prováveis e anomalia

Qualquer expansão da argamassa tem como consequência as fissuras horizontais. Ao expandir e não haver espaço, a argamassa de assentamento se rompe.

Reparos
- Renovação do revestimento após a hidratação completa da cal da argamassa de assentamento.
- Outra solução a adotar é função da intensidade da reação expansiva.

Após a reação completa da cal da argamassa, o revestimento deve ser refeito, tomando-se o cuidado de utilizar revestimentos com capacidade de absorção de pequenas movimentações, como revestimentos elásticos, pois a região onde a argamassa foi rompida sempre poderá apresentar pequenos movimentos.

3.1.7 Descolamentos com pulverulência
Aspectos

Os descolamentos com pulverulência apresentam os seguintes aspectos:
- A película de tinta desloca-se, arrastando o reboco, que se desagrega com facilidade (Fig. 3.14).
- O reboco exibe som cavo quando solicitado à percussão.

Causas prováveis atuando com ou sem simultaneidade
As principais causas possíveis são:
- Excesso de finos no agregado.
- Traço excessivamente rico em aglomerantes.
- Traço excessivamente rico em cal.
- Ausência de carbonatação da cal.
- Reboco aplicado em camada muito espessa.

Relação entre causas prováveis e anomalia
O excesso de finos no agregado provoca uma absorção de água pela argamassa maior do que a adequada; assim sendo, os aglomerantes não reagem totalmente, tornando a argamassa pulverulenta.

O excesso de aglomerantes pode proporcionar a não reação de parte deles, ou seja, nem todo aglomerante transforma-se em material ligante, permanecendo pulverulento e causando a desagregação do revestimento.

A Fig. 3.14 apresenta uma situação de traço excessivamente rico em cal, o que torna o reboco pulverulento, desagregando-se conforme o descolamento da pintura. Quando excessivamente rico em cal, o revestimento fica com liga baixa, por isso a pulverulência.

Reparos
- Renovação do reboco.

Fig. 3.14 *Película de tinta soltando-se e arrastando o reboco*

3.1.8 Eflorescências

Aspectos

As eflorescências são constituídas por um pó branco sobre a superfície (Fig. 3.15).

Fig. 3.15 *Pó branco sobre a superfície*

Causas prováveis atuando com ou sem simultaneidade

A principal causa possível é a presença de dois fatores simultaneamente: umidade e sais.

Relação entre causas prováveis e anomalia

A Fig. 3.15 apresenta uma situação de pó branco sobre a superfície de um revestimento cerâmico. Os sais em contato com a água se diluem e são transportados para a superfície externa, onde, em contato com o ar, se solidificam, causando os depósitos de pó branco.

Reparos
- Renovação do revestimento.

3.2 Anomalias em alvenarias não estruturais

3.2.1 Fissuras verticais

Aspectos

As fissuras verticais em alvenarias não estruturais apresentam os seguintes aspectos (Figs. 3.16 e 3.17):

- A fissura se desenvolve pela argamassa.
- A fissura corre na vertical, atravessando argamassa e bloco.

Causas prováveis atuando com ou sem simultaneidade

As principais causas possíveis são:
- Argamassa com resistência insuficiente.
- Bloco e argamassa com resistência insuficiente.

Relação entre causas prováveis e anomalia

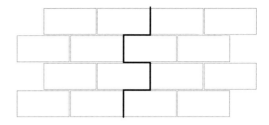

Fig. 3.16 *Fissura desenvolvida pela argamassa*

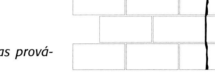

Fig. 3.17 *Fissura desenvolvida na vertical*

Quando os componentes das alvenarias não estruturais não têm a resistência necessária para suportar as cargas verticais impostas a eles, as fissuras acontecem.

Reparos
- Se a causa é o esforço pelo peso próprio da alvenaria, a solução é refazê-la.
- Se a causa foi momentânea e cessou, a solução é o reforço com tela na região fissurada; para tal, deve-se retirar todas as camadas de revestimento, chapiscar, refazer o emboço com tela inserida, considerando uma área para a ancoragem da tela, e refazer o acabamento.

3.2.2 Fissuras em trecho contínuo de alvenaria pela atuação de carga vertical uniformemente distribuída

Aspectos

As fissuras verticais em trecho contínuo de alvenaria não estrutural pela atuação de carga vertical uniformemente distribuída se desenvolvem predominantemente na vertical, na região superior da alvenaria (Fig. 3.18).

Causas prováveis atuando com ou sem simultaneidade
A principal causa possível é a carga aplicada em alvenaria não estrutural ser maior do que esta pode suportar.

Relação entre causas prováveis e anomalia
A Fig. 3.18 apresenta uma configuração típica de fissuração em alvenarias não estruturais, com carga distribuída maior que sua capacidade de suporte, ocasionando as fissuras.

Reparos
- Retirar a carga adicional solicitante.
- Tratar a fissura com reforço em tela, seguindo os mesmos procedimentos já citados.

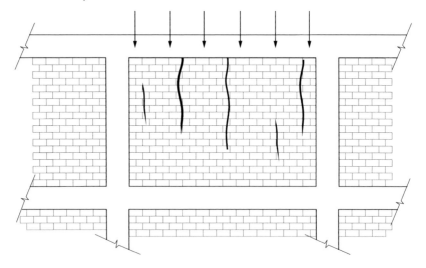

Fig. 3.18 *Fissura desenvolvida predominantemente na vertical*

3.2.3 Fissuras em trecho de alvenaria com aberturas pela atuação de carga vertical uniformemente distribuída

Aspectos
As fissuras em trecho de alvenaria não estrutural com aberturas pela atuação de carga vertical uniformemente distribuída se desenvolvem predominantemente na diagonal, a partir dos vértices das aberturas (Fig. 3.19).

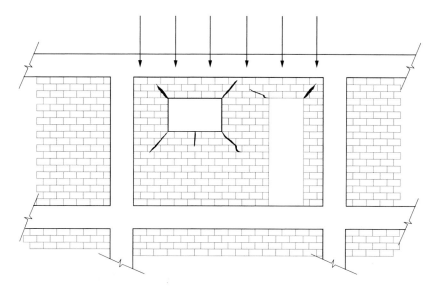

Fig. 3.19 *Fissura desenvolvida predominantemente na diagonal*

Causas prováveis atuando com ou sem simultaneidade
As principais causas possíveis são:
- Vergas e contravergas insuficientes.
- Carga aplicada em alvenaria não estrutural maior do que esta pode suportar.

Relação entre causas prováveis e anomalia
Com o esforço de compressão, as fissuras tendem a se desenvolver a partir do ponto de maior concentração de tensões, os vértices das aberturas. Caso o reforço (verga e contraverga) seja adequado, isso não acontece.

As fissuras também podem ocorrer no caso de, mesmo havendo o reforço adequado, a carga imposta ser maior que a prevista em projeto de alvenaria não estrutural.

Reparos
- Retirar a carga adicional solicitante.
- Tratar a fissura com reforço em tela, seguindo os mesmos procedimentos já citados.
- No caso de vergas e contravergas insuficientes, retirar caixilhos, refazer vergas e contravergas e recolocar caixilhos.

3.2.4 Fissuras em trecho de alvenaria com deformação dos componentes estruturais

Aspectos

As fissuras em trecho de alvenaria não estrutural com deformação dos componentes estruturais apresentam os seguintes aspectos:

- Fissuras em alvenaria com deformação idêntica dos componentes estruturais superiores e inferiores desenvolvem-se predominantemente na diagonal, a partir de seus cantos inferiores (Fig. 3.20).

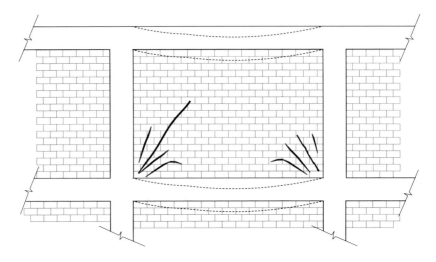

Fig. 3.20 *Fissura desenvolvida predominantemente na diagonal*

- Fissuras em trecho de alvenaria com deformação maior dos componentes estruturais de apoio desenvolvem-se predominantemente conforme apresentado na Fig. 3.21.
- Fissuras em trecho de alvenaria com deformação maior dos componentes estruturais superiores desenvolvem-se predominantemente na região superior, por esmagamento dos componentes (Fig. 3.22).
- Fissuras em trecho de alvenaria apoiada em estruturas em balanço com deformação excessiva desenvolvem-se predominantemente conforme apresentado na Fig. 3.23.

Causas prováveis atuando com ou sem simultaneidade

As principais causas possíveis são:
- Estrutura subdimensionada.

3 # Identificação de anomalias, suas causas e reparos possíveis

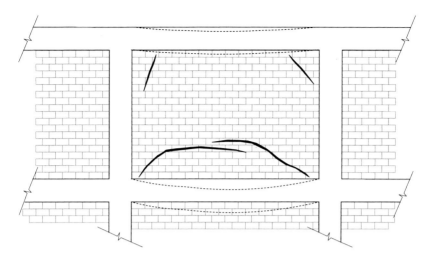

Fig. 3.21 *Fissura desenvolvida predominantemente na diagonal e na horizontal, na região inferior*

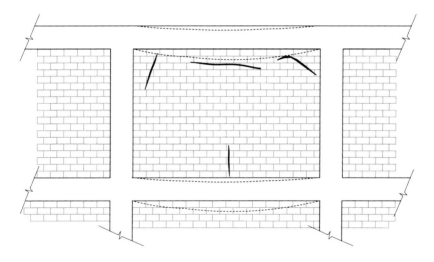

Fig. 3.22 *Fissura desenvolvida predominantemente na região superior*

- Carga aplicada maior que a prevista no cálculo estrutural.
- Deformação excessiva da estrutura.

Relação entre causas prováveis e anomalia
A NBR 6118 (ABNT, 2014a) prevê deformações máximas para superestruturas sem que estas causem prejuízos aos componentes das edificações,

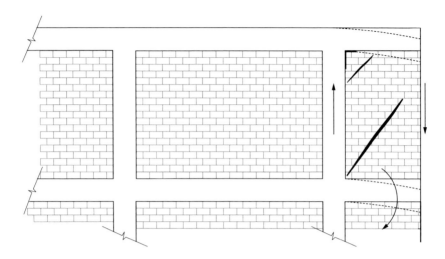

Fig. 3.23 *Fissura desenvolvida predominantemente na diagonal*

como alvenarias, caixilhos etc.; quando superados os valores máximos previstos em norma, podem ocorrer problemas, entre os quais as fissuras nas alvenarias.

Conforme o tipo de deformação, a fissuração apresenta um diferente desenvolvimento. A Fig. 3.20 apresenta uma configuração de fissuras para o caso de deformação idêntica na estrutura de apoio e na localizada acima da alvenaria. Esse caso pode acontecer, por exemplo, quando as vigas da edificação foram subdimensionadas quanto à deformação para as cargas aplicadas em serviço ou quando as cargas, em ambos os pavimentos, superaram aquelas previstas em projeto.

O caso apresentado na Fig. 3.21 é comum quando a carga do pavimento superou a de projeto ou quando a viga de apoio tem algum problema estrutural. Nesse caso, a estrutura de apoio se deforma mais que aquela acima da alvenaria. Isso proporciona o surgimento de tensões de tração em trechos da alvenaria, que, por sua baixa resistência à tração, se rompe.

Quando a deformação da estrutura localizada acima da alvenaria é maior que a de apoio, a ruptura da alvenaria se dá por compressão excessiva, proporcionando fissuras que se configuram, de modo geral, conforme apresentado na Fig. 3.22.

Quando a deformação da estrutura em balanço é excessiva, a ruptura da alvenaria se dá por surgimento de tensões de tração, ocasionando fissuras que se configuram, de modo geral, conforme apresentado na Fig. 3.23.

Reparos
- Retirar a carga adicional solicitante.
- No caso de a deformação ter sido momentânea e estiver estagnada, tratar fissuras com reforço em tela, seguindo os mesmos procedimentos já citados.
- No caso de estrutura subdimensionada, executar o reforço estrutural adequado antes de tratar as fissuras.

3.2.5 Fissuras em trecho de alvenaria por recalques diferenciados das fundações

Aspectos
A fissura em alvenaria não estrutural com recalques diferenciados das fundações desenvolve-se predominantemente na diagonal, a partir das faces do pilar que sofreu recalque de fundação (Fig. 3.24).

Causas prováveis atuando com ou sem simultaneidade
As principais causas possíveis são:
- Rebaixamento de aquífero.
- Recalques causados por edificações vizinhas.
- Escavações.
- Vibrações.

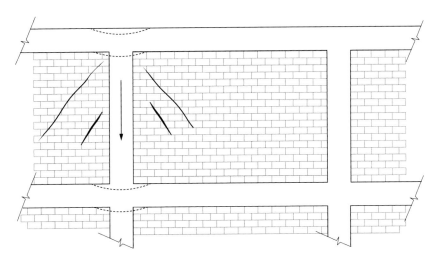

Fig. 3.24 *Fissura desenvolvida predominantemente na diagonal*

- Fundação dimensionada inadequadamente.
- Alterações no solo.

Relação entre causas prováveis e anomalia

O recalque diferenciado de fundações ocasiona deformações na superestrutura, que, dependendo da amplitude, proporcionam fissuras com desenvolvimento próximo do apresentado na Fig. 3.24.

Reparos

- Sanar problemas com o solo.
- Executar o reforço da fundação, se possível.
- Tratar fissuras com reforço em tela, seguindo os mesmos procedimentos já citados.

3.2.6 Destacamento de trecho de alvenaria por movimentações higrotérmicas diferenciadas

Aspectos

As fissuras em trecho de alvenaria não estrutural com destacamento de trecho de alvenaria por movimentações higrotérmicas diferenciadas desenvolvem-se predominantemente nas bordas da alvenaria, próximas às peças estruturais (Fig. 3.25).

Causas prováveis atuando com ou sem simultaneidade

As principais causas possíveis são:

- Impermeabilização inadequada.
- Execução precoce do encunhamento.
- Presença de água nos componentes.

Relação entre causas prováveis e anomalia

A Fig. 3.25 apresenta uma configuração típica de fissuração devida à movimentação higrotérmica diferenciada. A presença de água causa expansão dos componentes da alvenaria, enquanto sua secagem provoca retração. Esses movimentos de expansão e retração ocorrem de forma diversa na alvenaria e nas peças estruturais, causando então o rompimento dos componentes por tração e compressão.

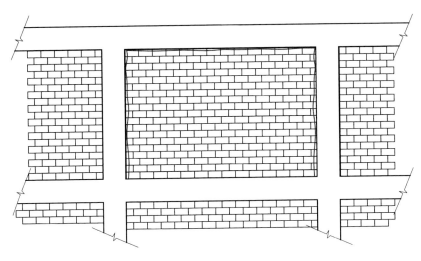

Fig. 3.25 *Fissura desenvolvida predominantemente nas bordas*

Reparos
- Sanar a presença de água.
- Tratar as fissuras com reforço em tela, seguindo os mesmos procedimentos já citados.

3.3 Anomalias em alvenarias estruturais e não estruturais

3.3.1 Fissuras de cisalhamento em alvenarias pela dilatação térmica da estrutura

Aspectos
As fissuras de cisalhamento em alvenarias pela dilatação térmica da estrutura desenvolvem-se predominantemente na diagonal e nos pavimentos superiores, mais sujeitos às intempéries ambientais (Fig. 3.26).

Causas prováveis atuando com ou sem simultaneidade
As principais causas possíveis são:
- Falta de proteção térmica durante a cura do concreto.
- Falta de proteção térmica da cobertura.
- Excesso de aditivo no concreto.
- Ligação inadequada entre estrutura e alvenaria.
- Encunhamento precoce.

Patologia em Alvenarias

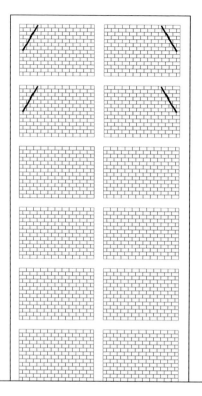

Fig. 3.26 *Fissura desenvolvida predominantemente na diagonal e nos pavimentos superiores*

Relação entre causas prováveis e anomalia

Conforme já citado anteriormente, os componentes das alvenarias são de origem pétrea, não sendo, portanto, capazes de sofrer deformações. Assim, quando o esforço solicitante é superior ao que os componentes podem suportar, as alvenarias se rompem. No caso de alvenarias localizadas nos últimos pavimentos de edificações, mais sujeitos às variações de temperatura, elas podem se romper devido à grande dilatação e retração sofridas pelas lajes. Quando as alvenarias estão engastadas nas lajes, ou seja, fortemente ligadas a elas, suas movimentações causam fissuras com aspecto geral semelhante ao apresentado na Fig. 3.26.

Uma das soluções para isso é a utilização de apoio de neoprene desenvolvido especificamente para esse fim. Porém, uma questão importante a ser considerada é que, ao se colocar esse tipo de apoio, a estrutura estará articulada com a laje. Desse modo, o projeto estrutural precisa contemplar que esta última alvenaria não esteja travada na laje, e a laje deve ser calculada como simplesmente apoiada em todos os lados.

Reparos
- Executar proteção térmica adequada.
- Adicionar ligação adequada entre estrutura e alvenaria, como apoio de neoprene desenvolvido especificamente para esse fim.
- Tratar fissuras com reforço em tela, seguindo os mesmos procedimentos já citados.

3.4 Anomalias em alvenarias estruturais

3.4.1 Fissuras em trecho de alvenaria estrutural pela atuação de cargas verticais

Aspectos

As fissuras em alvenarias estruturais pela atuação de cargas verticais apresentam os seguintes aspectos:

- A fissura em trecho contínuo de alvenarias estruturais pela atuação de carga vertical uniformemente distribuída desenvolve-se predominantemente na vertical e na região superior da alvenaria, logo abaixo da aplicação da carga (Fig. 3.27).

- A fissura em trecho de alvenaria estrutural com aberturas pela atuação de carga vertical uniformemente distribuída desenvolve-se predominantemente na diagonal, a partir dos vértices das aberturas, onde existe concentração de tensões de tração (Fig. 3.28).

- A fissura em trecho de alvenaria estrutural com aberturas pela atuação de carga vertical concentrada desenvolve-se predominantemente na diagonal, a partir da base da aplicação da carga vertical e dos vértices das aberturas, onde existe maior concentração de tensões (Fig. 3.29).

Causas prováveis atuando com ou sem simultaneidade

Para os três casos apresentados, a principal causa possível é carga aplicada em alvenaria estrutural maior do que esta pode suportar.

Relação entre causas prováveis e anomalia

As alvenarias estruturais são dimensionadas para resistir a uma determinada solicitação. Conforme normas brasileiras, são aplicadas em projetos cargas distribuídas para cada tipo de utilização de edificação e para cada tipo de acabamento. Caso haja cargas concentradas aplicadas em projetos, as alvenarias devem também ser dimensionadas pontualmente para resistir a essas solicitações. No entanto, quando as cargas de serviço superam as cargas previstas em projeto, ou mesmo quando são aplicadas pontualmente em pontos não previstos, podem ocorrer fissuras nas alvenarias estruturais. As configurações dessas fissuras variam conforme o tipo de carga, a região de aplicação, a ocorrência ou não de aberturas nas alvenarias solicitadas e a localização dessas aberturas.

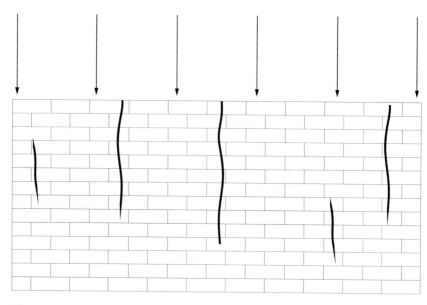

Fig. 3.27 *Fissura desenvolvida predominantemente na vertical e na região superior da alvenaria*

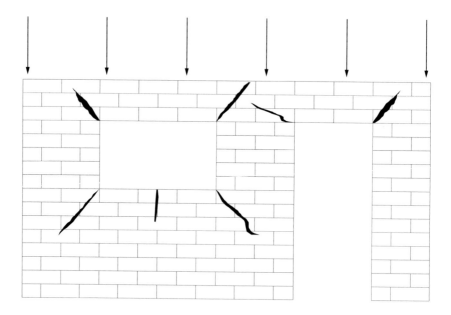

Fig. 3.28 *Fissura desenvolvida predominantemente na diagonal, a partir dos vértices das aberturas*

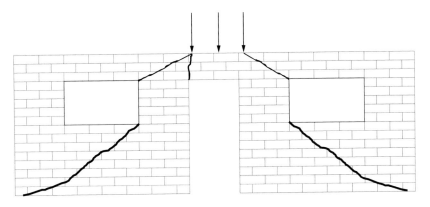

Fig. 3.29 *Fissura desenvolvida predominantemente na diagonal, a partir da aplicação da carga e dos vértices das aberturas*

Reparos
- Retirar a carga adicional solicitante.
- Verificar o nível de comprometimento da alvenaria estrutural; se possível, executar reforço estrutural, caso contrário, condenar a estrutura e refazê-la.

3.4.2 Fissuras em alvenaria estrutural por recalques diferenciados de fundações

Aspectos
As fissuras em alvenarias estruturais por recalques diferenciados de fundações apresentam os seguintes aspectos:
- A fissura em alvenaria estrutural com aberturas por recalques diferenciados de fundações desenvolve-se predominantemente na diagonal, a partir dos vértices das aberturas, onde há maior concentração de tensões (Fig. 3.30).
- A fissura em alvenaria estrutural na edificação menor por recalques diferenciados de fundações por influência de edificação vizinha desenvolve-se predominantemente na diagonal, a partir dos vértices das aberturas, onde há maior concentração de tensões (Fig. 3.31).

Causas prováveis atuando com ou sem simultaneidade
Para ambos os casos, as principais causas possíveis são:
- Rebaixamento de aquífero.

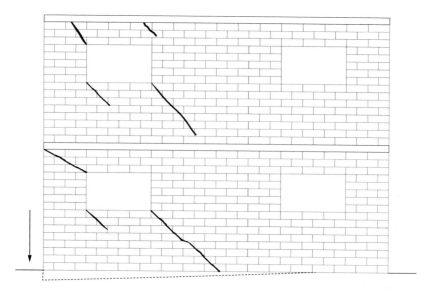

Fig. 3.30 *Fissura desenvolvida predominantemente na diagonal, a partir dos vértices das aberturas*

- Recalques causados por edificações vizinhas.
- Escavações.
- Vibrações.
- Fundação dimensionada inadequadamente.
- Alterações no solo.

Relação entre causas prováveis e anomalia

Quando, por algum motivo, as fundações sofrerem recalques diferenciados, a superestrutura ficará sujeita a solicitações não previstas em projeto. Essas solicitações podem gerar tensões de tração e cisalhamento que, consequentemente, podem causar fissuras nas alvenarias estruturais que não foram calculadas para esses esforços.

Reparos

- Sanar problemas com o solo.
- Executar o reforço da fundação, se possível.
- Verificar o nível de comprometimento da alvenaria estrutural; se possível, executar reforço estrutural, caso contrário, condenar a estrutura e refazê-la.

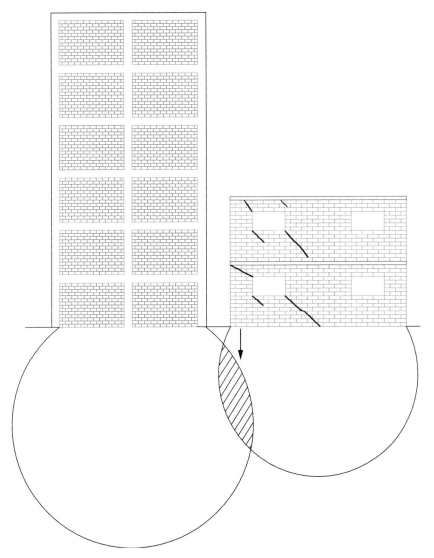

Fig. 3.31 *Fissura desenvolvida predominantemente na diagonal, a partir dos vértices das aberturas*

3.4.3 Fissuras em alvenaria estrutural por fundações excessivamente flexíveis

Aspectos

As fissuras em alvenarias estruturais por fundações excessivamente flexíveis desenvolvem-se predominantemente na vertical e abaixo de trechos com aberturas (Fig. 3.32).

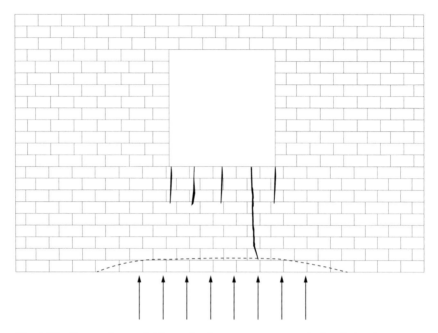

Fig. 3.32 *Fissura desenvolvida predominantemente na vertical e abaixo de aberturas*

Causas prováveis atuando com ou sem simultaneidade

A principal causa possível é a fundação dimensionada inadequadamente.

Relação entre causas prováveis e anomalia

Principalmente em edificações térreas, nas quais as cargas verticais são de valor baixo, fundações excessivamente flexíveis, quando solicitadas por carregamentos desbalanceados, como no caso de sobrecargas concentradas no entorno de grandes aberturas, podem sofrer um recalque para cima, ocasionando fissuras na alvenaria estrutural.

Reparos

- Executar o reforço da fundação, se possível.
- Verificar o nível de comprometimento da alvenaria estrutural; se possível, executar reforço estrutural, caso contrário, condenar a estrutura e refazê-la.

3.4.4 Fissuras na base de alvenaria estrutural por movimentações higroscópicas

Aspectos

As fissuras na base de alvenarias estruturais por movimentações higroscópicas desenvolvem-se predominantemente na horizontal e na junta entre a primeira e a segunda fiadas acima do solo (Fig. 3.33).

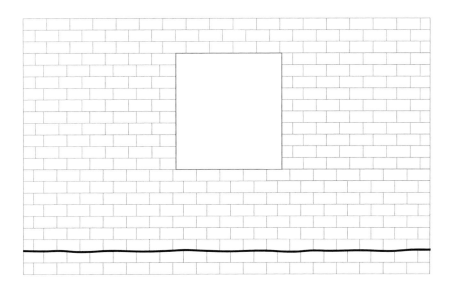

Fig. 3.33 *Fissura desenvolvida predominantemente na horizontal e na primeira fiada acima do solo*

Causas prováveis atuando com ou sem simultaneidade

A principal causa possível é a presença de água principalmente por capilaridade e respingos.

Relação entre causas prováveis e anomalia

A presença de água causa a expansão dos elementos componentes da alvenaria estrutural de forma diferenciada, assim como a secagem causa a retração dos elementos também de forma diferenciada. Por se tratar de elementos de origem pétrea, as fissuras ocorrem sobretudo nas regiões de encontro entre componentes distintos, argamassa e bloco.

Reparos
- Sanar a presença de água.
- Verificar o nível de comprometimento da alvenaria estrutural; se possível, executar reforço estrutural, caso contrário, condenar a estrutura e refazê-la.

3.4.5 Fissuras em alvenaria estrutural pela retração de secagem das lajes de concreto armado

Aspectos

As fissuras em alvenarias estruturais pela retração de secagem das lajes de concreto armado desenvolvem-se predominantemente na horizontal e na região acima das aberturas (Fig. 3.34).

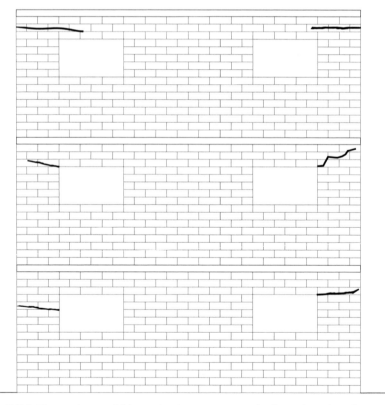

Fig. 3.34 *Fissura desenvolvida predominantemente na horizontal e acima das aberturas*

Causas prováveis atuando com ou sem simultaneidade

As principais causas possíveis são:

- Falta de proteção térmica durante a cura do concreto.
- Falta de proteção térmica da cobertura.
- Excesso de aditivo no concreto.
- Ligação inadequada entre laje e alvenaria estrutural.

Relação entre causas prováveis e anomalia

A retração das lajes, quando excessiva, pode causar fissuras em alvenarias estruturais, principalmente na horizontal.

Reparos

- Verificar o nível de comprometimento da alvenaria estrutural; se possível, executar reforço estrutural, caso contrário, condenar a estrutura e refazê-la.

4 Considerações finais

Anomalias em alvenarias e revestimentos argamassados representam um dos conjuntos de manifestações decorrentes de falhas em edificações, sejam estas causadas por falhas em projeto, execução ou materiais inadequados. Para que as boas práticas de engenharia sejam garantidas, alguns itens, entre outros, devem ser levados em consideração, tais como:

- em todos os casos, deve-se analisar a periculosidade proporcionada aos usuários e tomar as medidas cabíveis, adequadas para cada situação;
- nunca correr riscos, porém usar o bom senso e empregar todo o conhecimento técnico necessário para não condenar edificações que não ofereçam riscos, causando prejuízos desnecessários aos usuários;
- entender a responsabilidade de interditar ou não uma edificação e tomar a decisão com plena consciência técnica;
- agir com segurança e respaldo técnico;
- ter responsabilidade técnica e ética profissional.

Em caso de não se poder avaliar uma situação, deve-se sempre recorrer à opinião de um ou mais profissionais. É responsabilidade do profissional avaliar se tem ou não habilidade para solucionar cada caso. Não é demérito não saber; nenhum profissional é obrigado a ter uma solução para todas as situações. O importante é que a solução proposta seja a melhor técnica e economicamente e proporcione segurança a todos os envolvidos.

Referências bibliográficas

ABNT – ASSOCIAÇÃO BRASILEIRA DE NORMAS TÉCNICAS. *NBR 7200:* execução de revestimento de paredes e tetos de argamassas inorgânicas: procedimento. Rio de Janeiro, 1998.

ABNT – ASSOCIAÇÃO BRASILEIRA DE NORMAS TÉCNICAS. *NBR 8681:* ações e segurança nas estruturas: procedimento. Rio de Janeiro, 2004.

ABNT – ASSOCIAÇÃO BRASILEIRA DE NORMAS TÉCNICAS. *NBR 15757:* tubos e conexões de cobre: métodos de ensaio. Rio de Janeiro, 2009.

ABNT – ASSOCIAÇÃO BRASILEIRA DE NORMAS TÉCNICAS. *NBR 9575:* impermeabilização: seleção e projeto. Rio de Janeiro, 2010a.

ABNT – ASSOCIAÇÃO BRASILEIRA DE NORMAS TÉCNICAS. *NBR 13528:* revestimento de paredes e tetos de argamassas inorgânicas: determinação da resistência de aderência à tração. Rio de Janeiro, 2010b.

ABNT – ASSOCIAÇÃO BRASILEIRA DE NORMAS TÉCNICAS. *NBR 5674:* manutenção de edificações: requisitos para o sistema de gestão de manutenção. Rio de Janeiro, 2012.

ABNT – ASSOCIAÇÃO BRASILEIRA DE NORMAS TÉCNICAS. *NBR 13529:* revestimento de paredes e tetos de argamassas inorgânicas. Rio de Janeiro, 2013a.

ABNT – ASSOCIAÇÃO BRASILEIRA DE NORMAS TÉCNICAS. *NBR 13749:* revestimento de paredes e tetos de argamassas inorgânicas: especificação. Rio de Janeiro, 2013b.

ABNT – ASSOCIAÇÃO BRASILEIRA DE NORMAS TÉCNICAS. *NBR 15575:* edificações habitacionais: desempenho. Rio de Janeiro, 2013c.

ABNT – ASSOCIAÇÃO BRASILEIRA DE NORMAS TÉCNICAS. *NBR 6118*: projeto de estruturas de concreto: procedimento. Rio de Janeiro, 2014a.

ABNT – ASSOCIAÇÃO BRASILEIRA DE NORMAS TÉCNICAS. *NBR 14037*: diretrizes para elaboração de manuais de uso, operação e manutenção das edificações: requisitos para elaboração e apresentação dos conteúdos. Rio de Janeiro, 2014b.

CHING, F. D. K. *Técnicas de construção ilustradas*. São Paulo: Bookman, 2010.

GOMIDE, T. L. F.; FAGUNDES, J. C. P. N.; GULLO, M. A. *Normas técnicas para engenharia diagnóstica em edificações*. São Paulo: Pini, 2011.

MONTEIRO, M. *Patologias em vedações:* cuidados de projeto e execução. 2004. Disponível em: <http://www.planeareng.com.br/pageartigos_041123.htm>. Acesso em: out. 2014.

SILVA, M. M. A. *Diretrizes para o projeto de alvenarias de vedação.* 2003. 167 f. Dissertação (Mestrado) – Departamento de Engenharia de Construção Civil, Escola Politécnica da Universidade de São Paulo, São Paulo, 2003.

THOMAZ, E. *Trincas em edifício:* causas, prevenção e recuperação. São Paulo: Pini, 1989.

THOMAZ, E. et al. *Código de práticas nº 01:* alvenaria de vedação em blocos cerâmicos. São Paulo: IPT – Instituto de Pesquisas Tecnológicas do Estado de São Paulo, 2009.

THOMAZ, E.; HELENE, P. *Qualidade no projeto e na execução de alvenaria estrutural e de alvenaria de vedação em edifícios.* São Paulo: Epusp, 2000. Boletim Técnico da Escola Politécnica da Universidade de São Paulo, Departamento de Engenharia de Construção Civil, BT/PCC/252.

VIEIRA, H. F. *Logística aplicada à construção civil.* São Paulo: Pini, 2006.